권력의 공간, 같고도 다른

# 조선의 궁궐 유럽의 궁전

KB207686

## 저자 서윤영

건축과 관련된 사회, 문화, 역사 이야기를 글로 쓰는 건축 칼럼니스트입니다. 명지대학교 대학원에서 건축 공부를 시작했고, 지금은 고려대학교에서 박사 과정을 공부하고 있습니다. 홍익대학교, 인하대학교 등에서 강의를 했습니다. 건축 설계 사무소에 다니면서 온라인 신문에 칼럼을 연재한 것이 계기가 되어 책을 쓰기 시작했습니다.

저서로는 『미래 세대를 위한 건축과 기후 위기 이야기』, 『미래 세대를 위한 건축과 국가 권력 이야기』, 『10대와 통하는 건축과 인권 이야기』, 『서윤영의 청소년 건축 특강』, 『선생님, 건축이 뭐예요?』, 『10대와 통하는 건축으로 살펴본 한국 현대사』, 『생각이 크는 인문학 26: 집』, 『이상한 나라의 기발한 건축가들』, 『내가 미래 도시의 건축가라면』, 『세상을 바꾼 건축』, 『침대는 거실에 둘게요』, 『집에 들어온 인문학』, 『대중의 시대 보통의 건축』, 『나는 어떤 집에 살아야 행복할까?(공저)』 등이 있습니다.

권력의 공간, 같고도 다른
## 조선의 궁궐, 유럽의 궁전

초판 1쇄 인쇄 2025년 3월 18일
초판 1쇄 발행 2025년 3월 28일

**지은이** 서윤영
**발행인** 박효상  **편집장** 김현  **기획·편집** 장경희, 오혜순, 이한경, 박지행
**디자인** 임정현  **마케팅** 이태호, 이전희  **관리** 김태옥
**교정·교열 진행** 박나리  **표지·내지 디자인** Moon-C design

**종이** 월드페이퍼  **인쇄·제본** 예림인쇄·바인딩  **출판등록** 제10-1835호
**펴낸 곳** 사람in  **주소** 04034 서울시 마포구 양화로11길 14-10(서교동) 3F
**전화** 02) 338-3555(代)  **팩스** 02) 338-3545
**E-mail** saramin@netsgo.com
**Website** www.saramin.com

책값은 뒤표지에 있습니다. 파본은 바꾸어 드립니다.

ⓒ 서윤영, 2025

ISBN 979-11-7101-147-6  43540

우아한 지적만보, 기민한 실사구시 **사람in**

권력의 공간, 같고도 다른

# 조선의 궁궐 유럽의 궁전

서윤영 지음

사람in
saram
in.com

# 조선과 유럽의 권력 미학, 그 이야기 속으로!

여러분은 해외여행을 한 경험이 있나요? 주로 어디에 가서 무엇을 보았나요? 폭포나 호수, 초원이나 산 같은 자연경관을 보러 가거나, 인도에서 코끼리를 타고 몽골에서 말을 직접 타 보는 체험 관광을 간 적도 있을 수 있어요. 어쩌면 맛있는 음식을 실컷 먹으러 가는 여행도 있었겠지요. 그리고 어떤 나라의 역사와 문화를 배우러 가는 여행도 있었을 텐데, 그중 빼놓을 수 없는 것이 역사적인 도시나 수도에 가서 궁전을 관람하는 거예요. 프랑스의 파리까지 갔는데 루브르와 베르사유 궁전을 보지 않고 온다면 무척 서운할 테니까요. 이는 외국인도 마찬가지여서 우리나라의 경복궁과 창덕궁, 창경궁에 가면 많은 외국인 관광객을 볼 수 있어요. 물론 이러한 궁궐은 우리에게도 훌륭한 관광 명소가 되고 있지요.

화려한 궁궐과 궁전은 분명 재미있는 볼거리이지만 대부분의 관광객이 수박 겉핥기식으로 짧게 구경만 하고 가는 경우가 많아요. 막연히 예전에 왕과 그 가족이 살았던 곳이라는 것만 알 뿐, 구체적으로 어떤 생활을 했는지는 알지 못한 채 겉모습만 구경하고 지나가곤 하죠. 사실 왕들은 호화롭고 풍족하게 살았을 것 같지만, 대개는 복잡하고 파란만장한 삶을 살았어요. 이 책에서 소개되는 왕들도 대부분 어린 시절에 왕위에 올랐고 그러다 보니 직접 통치하지 못하고 아버지나 어머니, 할머니 혹은 재상이 섭정이나 수렴청정을 했어요. 때로 어린 왕들은 오래전부터 실권을 쥐고 있던 귀족들의 눈치를 보며 숨죽여 살아야 했고, 마침내 어른이 되어 직접 통치하게 되었을 때는 절대 가만있지 않았죠. 왕권을 강화하기 위해 새 궁을 지어 나가거나 때로 수도를 옮기기까지 했어요. 바로 그러한 옛 왕실의 실제 모습을 들여다보고자 해요.

이 책에서는 우리나라의 궁궐 세 곳, 유럽의 궁전 세 곳을 골라 이야기할 거예요. 바로 우리나라의 경복궁, 창덕궁, 창경궁, 프랑스의 루브르궁과 베르사유궁, 그리고 러시아의 겨울 궁전이에요. 이 여섯 궁은 동양의 건축과 서양의 건축이라는 차이점도 있지만, 의외로 서로 비슷한 점도 많아요. 모두 다 왕권을 강화하기 위해 새로 짓거나 증축한 궁이라는 것이 가장 큰 공통점이죠. 경복궁과 창덕궁, 창경궁은 조선을 건국하여 수도를 개경에서 한양으로 옮긴 뒤 곧바로 지은 궁궐들이에요. 한편, 프랑스에서 태양왕이라 불렸던 루이 14세는 기존의 루브르궁을 크게 증축하고도 모자라 베르사유궁을 새로 지었어요. 러시아의 겨울 궁전은 수도를 모스크바에서 상트페테르부르크로 옮긴 뒤에 지어졌죠. 조선과 유럽의 왕들이 수도를 옮기고 새로운 궁을 짓기까지 구체적으로 어떤 일들이 있었는지 궁금하지 않나요?

수박의 겉모습만 본다면 딱딱하고 단단한 초록색의 겉껍질만 보여요. 하지만 칼로 수박을 잘라 보면 겉모습과 달리 빨간 속살이 나오죠. 짙은 초록색 껍질 안에 어쩌면 저렇게 빨간 과육이 있었는지, 직접 잘라 보기 전에는 결코 알 수 없었던 모습이에요. 그렇다면 그 맛은 과연 어떨까요? 직접 먹어 보지 않고서는 말로 설명할 수 없는 맛이죠. 우리의 전통 궁궐과 외국의 궁전도 마찬가지예요. 실제 왕족들의 삶을 알아야 그저 겉모습만 보고 지나가는 수박 겉핥기식의 구경이 아닌, 그 건물의 더욱 자세한 모습을 알 수 있어요. 커다란 칼로 수박을 자르는 것은 제가 해 놓았으니, 여러분은 이제 그 수박을 맛있게 먹기를 바라요. 궁 속으로 직접 걸어 들어가 옛날의 왕과 왕족들은 어떻게 살았는지 체험해 보기를 바랍니다.

# | 차례 |

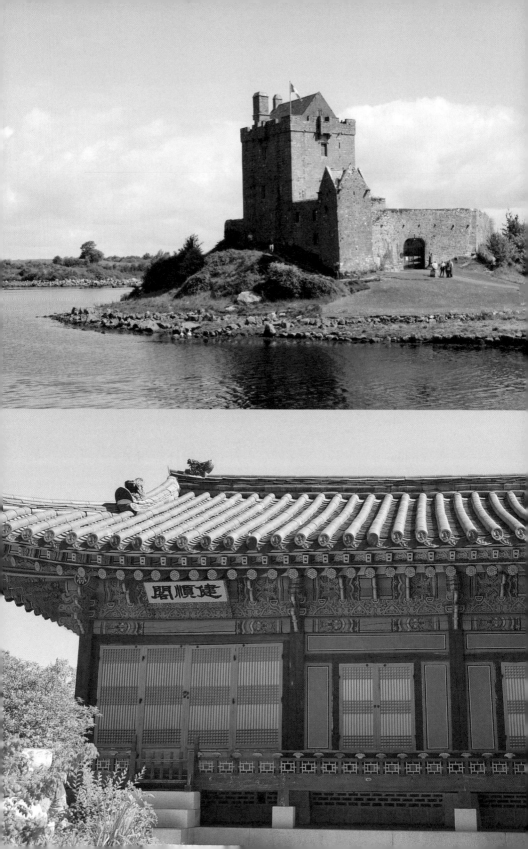

Chapter

1

# 한국과
# 유럽의
# 궁

옛날에 백마를 탄 멋진 기사가 깊은 산속 어느 성에 갇힌 공주를 구하러 가고 있었습니다. 아름다운 공주는 돌로 만든 튼튼하고 높은 성탑 위 다락방에 갇혀 있었습니다…….

이런 이야기를 누구나 한 번쯤은 들어 보았을 것입니다. 바로 중세를 배경으로 하는 동화나 전설들 속 이야기입니다. 때로는 기사가 아닌 왕자가 성에 갇힌 공주를 구하러 가기도 합니다. 중세 시대의 공주들은 왜 그렇게 깊은 산속이나 높은 성탑 위 다락방에 갇혀 있었던 걸까요? 또, 중세의 전설에 왜 기사나 왕자가 자주 등장하는 걸까요?

# 중세의 성

　중세 시대 유럽에는 곳곳에 성이 많아서 지금 우리가 중세로 시간 여행을 간다면 예쁘고 낭만적인 풍경을 여럿 만나게 될 것입니다. 영어로 '성'은 '캐슬castle'이고 '궁전'은 '팰리스palace'인데, 성과 궁전은 성격이 조금 다릅니다. 또한 지어진 시기도 달라서, 성이 주로 중세 시대6~15세기 말에 지어졌다면 궁전은 중세 이후인 근세 시대16세기 이후에 지어졌습니다. 그렇다면 중세의 성이 발달하여 근세의 궁전이 되었다고 생각할 수 있을까요? 사실은 기원 자체가 조금 다릅니다.

　성은 라틴어로 '요새'를 의미하는 '카스텔룸castéllum'에서 유래했는데, 이는 고대 로마 제국 시절 로마군이 주둔하는 방어 시설을 뜻했습니다. 고대 로마 제국은 유럽 중남부의 광대한 지역을 속주로 삼아 다스렸습니다. 이렇게 넓은 땅을 관리하기 위해 군사들이 주둔하는 요충지를 곳곳에 마련해 두었는데 이것이 바로 카스텔룸이었습니다. 속주가 넓었기 때문에 요소요소에 카스텔룸을 설치하여 군사들을 배치하였고, 이곳은 군사 중심지이자 행정 중심지 역할을 했습니다. 그런데 5세기경 로마 제국이 멸망하면서, 유럽 대륙은 이렇다 할 큰 왕국이 없는 상태가 됩니다. 지금과 같은 영국이나 프랑스, 독일 등의 나라는 아직 나타나지 않았고 대신 소규모 왕국으로 나뉘어 있었습

▼ 중세 시대 성의 대표적 모습들

니다. 때로는 왕이 아닌 성주나 영주, 심지어 기사가 다스리는 아주 작은 나라도 있었는데, 이러한 지방의 중소 영주들이 성에서 살았습니다.

기원이 이렇다 보니 성은 방어를 위한 요새의 성격이 강했습니다. 많은 병사가 생활할 만한 공간은 물론, 성벽, 튼튼한 성문, 망루, 감시탑 등을 갖추었습니다. 크고 작은 나라들이 여럿 있다 보니 왕권이 미약했고 국경선도 명확히 정해져 있지 않아 소소한 영토 분쟁이 많았기 때문입니다. 로마 제국이 멸망한 이유 중 하나가 북유럽과 동유럽에서 온 야만인들의 침입 때문인데, 이들은 로마의 멸망 이후에도 끊임없이 유럽 대륙에 나타나 침략을 일삼았습니다. 언제 어디서 누가 쳐들어올지 모르는 상황이었으니 왕이나 성주는 방어용 성채에서 살아야 했지요. 또한 이웃 나라나 야만인들이 쳐들어왔을 때 맞서서 싸울 기사들도 있어야 했습니다. 야만인들은 주로 말을 타고 나타나는데 이들과 맞서 싸우기 위해서는 금속제 갑옷을 입고 말을 탄 기사들이 많아야 했습니다. 이렇듯 중세 시대에는 소소한 전쟁이 잦았기 때문에 참전하는 기사들은 마을 사람들의 존경을 받았고, 이것이 바로 중세의 전설 속에 기사들이 자주 등장하는 이유입니다.

그렇다면 중세의 성들은 어떻게 생겼을까요? 우선, 적들이 쉽게 쳐들어올 수 없도록 높은 산 위나 산등성이에 위치하는 경우가 많았습니다. 때로 평지에 자리 잡고 있다면 성 주변의 흙을 파서 도랑이나 해자[1]와 같은 인공적인 장애물을 만들기도 했습니다. 이때 들었다 내렸다 할 수 있는 다리인 도개교를 설치합니다. 말을 탄 적들은 산속을 달리기가 힘들고 또 말은 물을 무서워하기 때문에 도랑이나 해자는 큰 장애물이 되었습니다. 도개교가 올려져 있으면 아예 접근이 불가능했지요.

성 주변에는 말뚝을 박아 만든 울타리를 설치하고 가시나무를 심거나 철조망을 두릅니다. 또한 멀리서 적들이 쳐들어오는 것을 감시해야 하기 때문에, 망루의 역할을 하는 감시탑을 높다랗게 세웠습니다. 성의 내부로 들어가는 진입로는 길고 좁은 나선형 계단 형태가 많습니다. 통로가 몹시 좁아서 한 사람씩 계단으로 올라가야 하는데, 이렇게 되면 계단 위에서 아래의 적을 향해 공격하기가 매우 쉽습니다.

성은 대개 높고 기다란 3~4층으로 지었는데, 1~2층에는 병사와 기사들이 머물면서 방어를 담당했습니다. 또한 병사들이 곳곳에 숨어 화살을 쏘기 쉽도록 요철(凹凸) 형태의 담을 둘렀고, 사다리를 통해 성벽을 기어오르는 적들을 제압하기 위해 뜨거운 기름을 끼얹을 수 있는 돌출부도 두었습니다.

이러한 특징들을 모두 종합해 보면 중세 시대 성의 모습이

---

[1] 성 주위에 둘러 땅을 파서 물이 고여 있도록 한 못

완성됩니다. 깊은 산속이나 호수 한가운데 자리 잡은 형태, 곳곳에 세워진 높은 감시탑과 좁은 나선형 계단, 톱니와도 같은 요철 형태의 성벽, 이것이 바로 중세의 성입니다. 겉으로 보기에는 예쁘고 낭만적으로 보일지 몰라도 실제로는 전쟁에 대비하기 위한 방어용 요새였습니다.

그렇다면 성의 내부는 어떻게 생겼을까요? 우선, 많은 기사와 그 부하인 군사들이 모일 수 있는 큰 안마당이 있었고, 안마당의 주변으로 3층 정도 높이의 성체 건물이 있었습니다. 1층에는 기사들이 말을 댈 수 있는 넓은 마구간, 병사들의 식당으로 사용할 만한 큰 홀, 이들이 먹을 음식을 만드는 대형 주방이 있었습니다. 그 외에 무기를 두는 방, 식량을 두는 창고도 있었습니다. 예전에는 돼지와 닭을 직접 잡았고, 치즈와 버터, 포도주도 직접 만들었습니다. 이 모든 일을 하기 위해 부엌은 매우 컸고, 부엌 옆에는 식량을 저장하는 창고도 있어야 했지요. 이처럼 1층에는 부엌, 마구간, 창고 등이 있었고, 실제 생활 공간인 2층에 성주의 방과 예배당이 있었습니다.

한편, 성주의 가족인 왕비와 공주는 주로 3층이나 꼭대기 다락방에 살았습니다. 적들이 쳐들어오면 여자와 아이들이 가장 위험해지기 때문에 쉽게 눈에 띄지 않도록 깊숙한 곳에 숨어야 했습니다. 중세 전설 속에 백마를 탄 기사나 왕자가 다락방에 갇힌 공주를 구하러 간다는 이야기는 바로 이러한 상황에서 나온 것입니다.

하지만 13~14세기 정도가 되면 중세가 끝나고 새 시대가 열립니다. 크고 작은 싸움이 그치지 않던 곳에 평화가 찾아오고, 작게 나뉘어 있던 왕국들이 점차 하나의 나라로 통합됩니다. 소소한 영토 분쟁이 줄어들자 방어용 요새에 가깝던 성도 더이상 지어지지 않지요. 이제는 큰 왕국들이 들어서면서 성 대신 궁을 짓게 되었습니다.


## 궁의 등장

궁은 영어로 '팰리스 palace', 프랑스어로는 '팔레 palais', 이탈리아어로는 '팔라초 palazzo'라고 합니다. 단어들이 서로 비슷한 이유는 고대 로마 제국 시절 행정 관청을 뜻하는 라틴어 '팔라티움 palatium'에서 유래하였기 때문입니다. 앞서 설명한 카스텔룸이 군사적 요충지에 세워졌던 방어용 성채였다면 팔라티움은 수도나 주요 도시에 세워진 중앙 관청이자 황제가 살던 궁전이었습니다. 따라서 팔라티움에는 황제 가족이 사는 영역과 국가 업무를 보는 영역이 함께 있었습니다. 하지만 5세기경 로마 제국이 멸망하고 나서 팔라티움은 거의 잊히다시피 합니다. 앞서도 말했듯 중세 시대에는 소소한 전쟁이 끊이지 않았고 나라의 크기도 작았기 때문에 크고 화려한 팔라티움은 좀처럼 지어질 수가 없었습니다. 이후 14~15세기가 되어서야 안정을 되찾기 시작하고 특히 이탈리아 지역을 중심으로 르네상스가 시작됩니다.

르네상스는 본래 '재생' 혹은 '부활'이라는 뜻인데, 중세의 어둠을 벗고 다시 문화가 부흥했다는 의미로 '문예부흥'이라고도 일컫습니다. 르네상스는 이탈리아에서 시작되었습니다. 14세기 말 콜럼버스가 아메리카 대륙을 발견하고 인도로 가는 동방 항로가 개척되는 등 이 시기 이탈리아를 중심으로 동방무역이 크게 성장하자 피렌체, 베네치아 같은 항구 도시가 번창했고, 무역으로 큰돈을 번 부유한 상인들이 문화에도 관심을 가지게 되었기 때문입니다. 이들은 자신의 저택이자 사무실로 사용하기 위해 고대 로마 제국의 팔라티움을 본뜬 팔라초를 짓기 시작했지요. 이 시기 부유했던 이탈리아 상인의 모습은 셰익스피어의 희곡인 『베니스의 상인』, 『로미오와 줄리엣』 등에 자세히 묘사되어 있습니다. 베니스의 상인과 로미오, 줄리엣이 살았던 집이 바로 팔라초였습니다.

당시 이탈리아는 하나의 통일된 왕국이 아니라 도시국가들의 연합에 가까웠습니다. 베니스, 피렌체 등의 도시에는 부유한 상인이 사실상의 지배자 노릇을 하면서 화려한 팔라초를 여러 채 짓고 살았습니다. 15세기 이탈리아에서 시작된 르네상스는 이후 영국과 프랑스 등으로 전파되었습니다. 아울러 이들의

▼ 이탈리아 피렌체에 있는 팔라초 베키오

화려한 저택이었던 팔라초도 유럽으로 전파되어 영국에서는 팰리스, 프랑스에서는 팔레로 불리는데, 이것이 바로 '궁전'입니다. 중세처럼 소소한 분쟁이 많던 시기에 지어진 캐슬과 달리 평화로운 시기에 지어진 팰리스여서 형태도 서로 다릅니다.

성이 주로 방어를 위해 산속이나 산등성이, 연못 안에 지어졌다면, 궁전은 넓고 평탄한 땅 위에 지어집니다. 당연히 해자나 도랑, 도개교 등도 없고, 감시를 위한 높은 망루, 좁고 가파른 나선형 계단도 없습니다. 건물 전체의 모습도 높고 뾰족한 형태가 아닌 가로로 평탄하게 지어집니다. 어찌 보면 중세의 성과 르네상스의 궁은 서로 반대된 형태를 띤다고도 할 수 있습니다. 성이 수직적 형태에 방어적 요소가 강한 반면, 르네상

▼ 이탈리아 피렌체에 있는 팔라초 피티

스 시대의 궁은 수평적 형태에 과시적 요소가 많기 때문입니다.

팔라초의 내부 형태는 옛 팔라티움의 모습과 어느 정도 비슷했습니다. 건물은 주로 3층 높이로, 내부에 안마당을 가진 중정형 주택입니다. 중정형 주거란 마치 우리나라의 ㅁ자 한옥처럼 네모난 안마당을 중심으로 방들이 둘러싼 형태를 말합니다. 팔라초에는 주로 상인들이 살았기 때문에 1층에는 상점이나 회계실, 사무실이 있었고, 2층에는 가족들이 사는 방들이 있었으며, 3층은 하인들의 방이나 창고, 다락 등으로 이용되었습니다. 르네상스 시대의 팔라초들은 상당히 크고 화려했는데 지금도 피렌체에는 메디치 가문이 살았던 팔라초 메디치를 비롯해 팔라초 루첼라이, 팔라초 피티, 팔라초 스트로치 등이 남아있습니다. 현재는 대개 박물관이나 미술관으로 사용되고 있습니다.

|  | 성(castle) | 궁(palace) |
|---|---|---|
| 성격 | 방어를 위한 요새적 성격이 강함 | 요새적 성격이 사라지고 통치를 위한 공간 |
| 전반적인 형태 | 수직적 형태 | 수평적 형태 |
| 장소 | 산등성이, 연못, 해자 등의 내부에 위치함 | 평지에 지어짐 |
| 정치적 특징 | 지방 분권적인 형태 | 강력한 중앙 집권 |

▲ 성과 궁의 비교

# 한국의 성과 궁

성이 방어적 요새를 뜻하고 궁이 왕의 통치 공간을 뜻하는 것은 한국이나 중국, 일본 등 동아시아에서도 마찬가지였습니다. 중세 시대의 우리나라는 유럽과 같이 크고 작은 왕국으로 나뉘어 영토 분쟁을 벌이는 일이 없었고, 고려나 조선처럼 일찍이 통일된 왕국을 이루면서 국가 차원의 성을 쌓았습니다. 고려 시대 여진족의 침입에 대비해 국경 지역에 천리장성을 쌓은 것이 대표적인 예입니다. 한편, 조선 시대에도 남한산성이나 북한산성, 공주산성처럼 요충지 곳곳에 산성을 쌓았는데, 이는 방어를 목적으로 하는 군사 시설이었습니다. 그뿐만 아니라 고구려 시대 당나라와 맞서 싸웠던 안시성 전투도 있었고, 고려 시대 몽골의 침입에 맞섰던 처인성 전투도 유명합니다. 안시성, 처인성은 모두 요충지에 세워진 군사 시설이었습니다.

반면, 궁은 수도에 지어진 왕의 통치 공간이었습니다. 일찍이 고구려의 수도였던 평양에는 5세기경에 지어진 안학궁이 있었습니다. 7세기 신라에서는 경주 안압지 부근에 '동궁'이라는 궁궐이 있었고, 고려의 수도였던 개성에도 '만월대'라는 궁궐이 있었습니다. 하지만 아쉽게도 지금은 그 터만 남아 있을 뿐 당시의 유적이 그대로 남아 있지는 않습니다. 너무 오랜 시간이 지나 소실되었기 때문입니다.

우리나라의 전통 건축은 나무를 베어 짓는 목조 건축이기 때문에 시간이 오래 지나면 허물어지고 맙니다. 또, 전쟁이나 외적의 침입이 있을 때 불에 타기도 쉽습니다. 한편, 나라가 망하고 나면 그 궁궐도 함께 파괴되곤 했습니다. 신라가 백제를 멸망시키고 난 뒤 궁궐을 허물어 버렸고, 고려 역시 통일신라를 멸망시키고 난 뒤 궁궐을 허물어 버렸습니다. 이러한 이유 때문에 멸망해 버린 나라의 옛 궁궐들은 그 터와 흔적만 남아 있을 뿐, 건물이 온전하게 보존되어 있지 않습니다. 물론 현대에 들어서는 문화적 가치를 보존하고 문화유산으로 삼기 위해 건축물을 복원하곤 합니다.

## 한국과 유럽의 여섯 궁 이야기

조선의 궁궐과 유럽의 궁전은 비슷한 듯하면서도 조금 다릅니다. 우선, 한국과 중국을 비롯한 동아시아에서는 건축을 공학 기술의 하나로 여겼습니다. 도로를 건설하고 다리를 놓는 것과 비슷한 일로 생각한 것입니다. 그래서 무너지지 않고 튼튼하게 짓는 것이 중요하지, 건축가가 자신의 창조적인 예술성을 드러내는 예술 행위라고는 생각하지 않았습니다. 고려 시대의 불교 사찰이나 조선 시대의 궁궐 등 대형 건축물은 많이 지어졌지만 실제 그것을 지은 건축가의 이름은 널리 알려지지 않았지요. 우리나라에서 건축 설계라는 개념은 극히 미미했고 대신 집주인이 여기에는 무슨 방, 저기에는 무슨 방을 두겠다고 계획하면 목수가 그대로 짓는 경우가 대부분이었습니다.

반면, 유럽에서는 일찍부터 건축을 예술의 한 종류로 생각했습니다. 고대 그리스 신전의 경우 그 기둥과 천장이 맞붙은 부분, 일명 주두[2]를 장식하는 방식에 따라 도리아식, 이오니아식, 코린트식으로 분류했습니다. 그러다 보니 유럽의 건축사는 형태에 따라 여러 양식으로 분류되어 왔습니다. 이를테면 중세 성당은 고딕 양식이고, 이탈리아의 팔라초는 르네상스 양식, 프랑스의 궁전은 바로크 양식, 그리고 현대 건축은 모더니즘 양식이라고 하는 식입니다. 유럽에서는 건축가를 자신의 독창적인 예술성을 드러내는 예술가로 생각했습니다. 대표적인 예로 미켈란젤로를 들 수 있는데, 그는 본래 화가이자 조각가이지만 건축가라고도 불립니다. 이는 동양과 서양의 차이로, 조선의 궁궐과 유럽의 궁전을 비교하려면 우선 이것부터 알아야 합니다.

이렇게 다른 관점으로 만들었던 조선과 유럽의 궁에는 과연 어떤 차이점이 있는지 이 책을 통해 살펴보려고 합니다. 조선과 유럽의 궁을 비교하기 위해 대략 여섯 개의 궁을 선정했습니다.

---

2) 기둥의 맨 윗부분

조선의 궁궐은 경복궁과 창덕궁, 창경궁이며, 유럽의 궁전은 프랑스의 루브르 궁전, 베르사유 궁전, 러시아의 겨울 궁전입니다. 경복궁과 창덕궁, 창경궁은 모두 조선을 건국하고 곧바로 지은 궁궐들이어서 조선의 건국 초기 상황을 엿볼 수 있습니다. 한편, 프랑스의 루브르와 베르사유 궁전은 부르봉 왕조 시대의 궁입니다. 17~18세기 서유럽에서 가장 강력한 왕권을 행사했던 프랑스의 부르봉 왕조는 과연 어떤 곳에서 생활했을까요? 루브르 궁전과 베르사유 궁전을 통해 알아보려고 합니다.

한편, 러시아의 겨울 궁전 역시 부속된 에르미타주 미술관과 함께 화려함으로 유명합니다. 세계에서 가장 화려한 궁전 세 곳을 꼽으라면 루브르 궁전, 베르사유 궁전, 겨울 궁전을 꼽습니다. 베르사유 궁전이 5월의 푸른 잔디밭 위에 핀 장미꽃이라면 그 장미를 그대로 유리로 만들어 러시아의 새하얀 눈밭 위에 꽂아 놓은 것이 겨울 궁전이라고 말하는 사람도 있을 정도입니다. 러시아와 프랑스는 큰 공통점 하나가 있는데 프랑스는 프랑스 대혁명을 통해, 러시아는 볼셰비키 혁명을 통해 국민들이 왕정을 종식시켰다는 점입니다. 절대 권력을 행사했던 프랑스의 부르봉 왕조, 그런 프랑스를 모방했던 러시아의 로마노프 왕조, 두 권력은 오래가지 못했습니다. 참다못한 국민들이 혁명을 일으켜 왕실을 없애 버렸으니까요. 그렇다면 화려했던 절정기의 궁전 모습은 어땠는지 함께 살펴볼까요?

Chapter
2

수도를
한양으로
정한
조선

1394년 10월 25일 늦가을의 어느 날, 개경에서 엄청난 무리의 행렬이 궁궐을 나와 길을 떠났습니다. 맨 앞에는 깃발을 든 군사들이 서고 그 뒤로 왕과 왕비, 왕자와 공주 및 신하들과 궁녀들까지 정말 많은 사람이 떠나는 행차였습니다. 이들은 각자 지위와 신분에 맞게 말이나 가마를 탔고 그 뒤를 따라 걸어가는 사람들도 있었습니다.

장대한 행차는 나흘이나 걸려서 10월 28일에야 한양에 도착할 수 있었습니다. 조선을 건국하고 난 뒤 수도를 개경에서 한양으로 옮기던 때의 일이었습니다.

# 조선의 건국

1392년 7월, 고려의 수도 개경에 있던 수창궁 화평전에서 태조 이성계가 새롭게 즉위하고 국호를 고려에서 조선으로 개명합니다. 이제 고려왕조가 끝나고 조선을 건국한 것입니다. 그러고도 처음 2년 동안 왕실은 옛 수도인 개경에 머물러 있었습니다. 하지만 1394년 8월 24일, 태조는 개경이 아닌 한양을 공식 수도로 선포하고 두 달 후인 10월 25일 개경을 떠나 28일 한양에 도착합니다. 고려의 개경에서 조선의 한양으로 수도가 옮겨지던 순간이자 그전까지 세 곳의 수도에 분산되어 있던 권력이 한양 단 한 곳으로 집중되는 순간이기도 했습니다.

고려 시대 수도가 한 곳이 아니라 세 곳이었다는 것은 좀 이상해 보일지 몰라도 사실이었습니다. 고려는 건국 초기에는 개경개성 외에 평양을 서경[1]으로, 경주를 동경[2]으로 삼아 3경 체제를 운영했습니다. 고려는 통일신라 말기에 지방 호족이 반란을 일으켜 세운 나라입니다. 그래서 혹시라도 이러한 일이 또 일어날까 염려하여 옛 고구려의 수도였던 평양을 서경으로 삼고, 옛 신라의 수도였던 경주를 동경으로 삼았습니다. 왕은 세 곳을 번갈아 가며 몇 달씩 머무르면서 직접 민심을 살폈습니다.

---

1) 서쪽의 수도라는 뜻
2) 동쪽의 수도라는 뜻

▲ 태조 이성계 어진

평양과 경주에는 옛 고구려와 신라의 왕족 및 귀족들이 많이 살고 있어서 혹시라도 이들이 반란을 일으킬까 염려했기 때문입니다.

그러다가 11대 문종 시절인 1068년, 한양을 남경[3]으로 삼아서 개경, 서경, 남경의 3경 체제를 유지합니다. 15대 왕인 숙종 때에는 백악산 남쪽에 별궁을 짓고 1년 중 3, 4, 5, 6월 넉 달 동안을 남경에서 지냈다는 기록도 나옵니다. 백악산 남쪽이라면 지금의 청와대 자리로 추정됩니다. 이렇게 수도를 세 개씩 정해 놓고 1년에 몇 달씩 머물렀던 이유는 아직 왕권이 미약하여 중앙 집권을 완전히 이루지 못했기 때문입니다. 수도와 멀리 떨어진 지방에서 반란이 일어났을 때 그것을 재빨리 알아차리고 진압하기 위해서였지요.

하지만 조선이 건국되면서 이런 일은 사라집니다. 수도는 한양 단 한 곳으로 정해지고 왕은 더 이상 지방 순회를 할 필요가 없어졌습니다. 강력한 중앙 집권을 바탕으로 왕권이 강화되었기 때문입니다. 태조 이성계는 왕권 강화를 위해 몇 가지 조치를 취했는데, 그중 하나가 왕족과 귀족들이 사병을 거느리는 것을 금지한 것이었습니다. 사병이란 국가가 아닌 귀족들이 사사로이 거느리는 병사를 말합니다. 귀족들이 병사를 거느리면

---

3) 남쪽의 수도라는 뜻

병력이 국가에 집중되지 않고 왕권이 위협을 받지요. 이러한 사병을 혁파해 버리자 왕권이 크게 강화되었습니다. 그런 다음 수도를 개경에서 한양으로 옮겼습니다. 개경에는 고려의 옛 왕족과 귀족들이 근거지를 이루며 살고 있었기 때문에 이들의 세력을 약화시키기 위해 수도를 옮긴 것입니다. 비단 조선의 이성계뿐 아니라 유럽의 다른 왕들도 왕권을 강화하고자 할 때 수도를 옮겼는데, 프랑스와 러시아도 그러했다는 것을 이후 다룰 것입니다.

1392년 조선 건국 이후, 1394년에 새 수도가 한양으로 정해졌지만 본래 이곳은 고려 시대에도 남경이었기 때문에 옛 궁궐이 있었습니다. 백악산 바로 밑에 자리 잡은 '연흥전'이라는 건물이었는데, 왕조를 새로 세운 마당에 옛 궁궐을 그대로 둘 수는 없었습니다. 새 술은 새 부대에 담으라는 말도 있듯이 새 나라에는 새 궁궐이 필요했습니다. 이에 1394년 9월 1일 '신도궁궐조성도감'이라는 관청을 설립하여 이 일을 전담하게 합니다. 9월 9일에는 이성계의 심복 부하인 정도전, 실질적 공사책임자인 심덕부 등을 미리 한양에 보내어 지형과 지리를 살피게 합니다. 그리고 10월 25일 태조 이성계를 비롯한 왕실 가족과 신하, 궁녀들은 개성에서 출발해 나흘 간의 여정 끝에 한양에 도착했습니다. 그들이 처음 머물렀던 곳은 한양의 객사 건물이었습니다. 객사란 공무를 위해 여행하는 관리들을 위해 국가에서 마련한 일종의 여관 건물입니다. 우선 이곳에 머물면서 어떤 건물을 어디에 두어야 할지 결정하는 건축 계획을 합니다. 그렇다면 당시의 건축 계획은 어떠했을까요?

## 『주례』-「고공기」에 실린 건축 계획

조선뿐 아니라 고려와 신라는 물론 중국과 일본 등 모든 동아시아 국가에서 수도를 계획하는 방법은 일찍부터 『주례』-「고공기」에 정해져 있었습니다. 『주례』는 주周나라 시대 왕실의 관직과 제도를 서술해 놓은 책이고, 그중에서 「고공기」는 토목공사와 건축, 수공업 등 공학기술에 대한 항목을 백과사전 형식으로 적어 놓은 것을 말합니다. 주나라는 기원전 1046년부터 기원전 256년까지 존재했던 아주 오래된 나라인데, 그 시절에 기록된 내용을 바탕으로 하고 있다니 놀라울 정도입니다. 구체적 내용을 살펴보겠습니다.

고대 중국의 전통 사상에 의하면 하늘 위 우주 한가운데에는 곤륜산이라고 하는 아주 높은 산이 있고 그 산 위에 황제가 황금빛으로 빛나는 노란 옷을 입고 앉아 있었습니다. 곤륜산 주변 동서남북에는 네 개의 산이 있는데, 산 위에는 장군들이 한 명씩 앉아 있었습니다. 동쪽에는 푸른 옷을 입은 청제장군,

남쪽에는 붉은 옷을 입은 적제장군, 서쪽에는 흰옷을 입은 백제장군, 북쪽에는 검은 옷을 입은 흑제장군이 있었습니다. 청제장군은 계절로는 봄, 물질로는 나무를 상징했으며, 적제장군은 여름, 불을 상징했습니다. 백제장군은 가을, 쇠를 상징하고, 흑제장군은 겨울, 물을 상징하면서 황제를 보필하는 역할을 했습니다.

다시 말해 가장 중요한 황제가 정중앙에 앉아 있고 동서남북 사방에 네 명의 장군이 하나씩 있어서 황제를 보필한다는 것이 고대 중국의 우주관이었습니다. 이러한 우주의 신성한 질서를 땅 위에 그대로 재현하는 방식으로 수도를 계획했습니다. 구체적인 방법으로는 중앙에 황제가 앉아 있듯이 도성 안 정중앙에 왕을 위한 궁궐을 둡니다. 그리고 네 명의 장군이 동서남북에 있는 것처럼 동쪽에는 종묘,[4] 서쪽에는 사직,[5] 남쪽에는 조정,[6] 북쪽에는 시장이라는 네 가지 시설을 두었습니다. 그리고 이를 '좌묘우사左廟右社, 전조후시前朝後市'라고 했습니다.

한가운데에 궁궐이 자리 잡고 있다고 했는데, 이때 궁궐은 '왕은 남향을 해야 한다.'는 제왕남면帝王南面의 법칙에 따라 정남향으로 지었습니다. 왕이 남향을 하고 있으면 앞쪽이 남쪽,

---

4) 역대 왕실의 신위를 모시는 곳
5) 국토와 곡식의 번창을 기원하는 제사를 지내는 곳
6) 임금이 신하들과 나랏일을 의논하는 곳

뒤쪽이 북쪽이 되며, 왼쪽이 동쪽, 오른쪽이 서쪽이 됩니다. 따라서 앞쪽남쪽에 조정을, 뒤쪽북쪽에 시장을, 왼쪽동쪽에 종묘를, 오른쪽서쪽에 사직을 두는 것입니다.

여기서 조정이란 의정부와 의금부, 이호예병형공의 6조 관청 등이 모여 있어 정치를 담당하는 곳이며, 시장이란 물건을 사고파는 곳으로 경제를 담당합니다. 한편, 종묘란 역대 왕들의 신위를 모신 곳입니다. 우리의 전통 사상에 따르면 부모에 대한 효도가 매우 중요해서, 부모님이 돌아가셨다 하너라도 위패7)를 모시고 제사를 지냈습니다. 왕실 차원에서 조상들의 신위를 모셔 놓고 제사를 드리던 곳이 종묘입니다. 그리고 사직이란 토지의 신인 사社, 곡식의 신인 직稷에게 제사를 드리던 곳입니다. 농업 국가인 조선에서 토지와 곡식은 매우 중요했기 때문에 풍년을 기원하며 제사를 지내던 곳입니다.

사극 드라마에 자주 나오는 "장차 이 나라의 종묘와 사직을 어찌할 것인가?"라는 대사가 있습니다. 바로 이곳을 말하는 것으로, 국가의 안위와 미래를 걱정하는 말입니다. 가운데 궁궐을 두고 동서남북 네 곳에 종묘, 사직, 조정, 시장을 두는 이 원칙은 『주례』-「고공기」에 따른 것이며, 일찍이 중국과 일본의 수도에서도 그 원칙을 지키려 했습니다. 조선의 새 수도 한양도 마찬

---

7) 죽은 사람의 이름을 적은 나무패

가지여서 정도전과 심덕부를 한양으로 먼저 보내어 다섯 가지 중요한 건물을 어디에 두어야 할지 살펴보게 했던 것입니다. 그렇다면 실제로 '좌묘우사, 전조후시'의 원칙이 잘 지켜졌을까요?

우주 한가운데 곤륜산이 있어 황제가 앉아 있듯, 한양의 가운데에는 경복궁이 있습니다. 종묘는 현재 종로3가에 있어 경복궁을 기준으로 동쪽이 맞으며, 현재 사직공원이 된 사직 역시 서쪽이 맞습니다. 또한 앞쪽에 조정을 둔다고 한 것도 제대로 지켜졌습니다. 현재 경복궁 앞에는 넓은 광화문 광장이 조성되어 있습니다. 조선 시대 이곳에는 의정부, 한성부, 중추부, 사헌부를 비롯하여 이조, 호조, 예조, 병조, 형조, 공조 등의 여섯 관청이 모두 들어서 있어서 '육조거리'라 불렀습니다. 바로 지금의 세종로에 해당합니다. 요즘에는 잘 쓰지 않는 말이지만, 예전에

▼ 광화문 앞 육조거리

는 "광화문 네거리 앞에 가서 물어보자."라는 말을 자주 했습니다. 무언가 억울하고 답답한 일이 있을 때, 혹은 애매한 상황에서 속 시원한 해답을 듣고 싶을 때 하던 말입니다. 광화문 네거리가 바로 육조거리로서 조선의 주요 관청들이 모두 몰려 있던 곳입니다. 요즘으로 말하자면 국회, 대법원, 헌법재판소 등이 한군데 몰려 있는 격이니 정말 억울하고 답답할 일이 있을 때 찾아갈 만도 합니다. 이처럼 경복궁 앞쪽에는 조정이 있었습니다.

그렇다면 뒤쪽에는 시장이 있었을까요? 그렇지는 않았습니다. 경복궁 바로 뒤편에는 높고 험준한 북악산이 있어서 시장을 둘 만한 공간이 없었기 때문입니다. 시장은 많은 사람이 오갈 뿐 아니라 물류의 이동도 많아서 교통이 편리한 넓은 공터에 자리 잡아야 합니다. 하지만 경복궁 뒤편은 산악 지형이어서 시장을 둘 만한 공간이 없었습니다. 대신 시장은 사람들의 통행이 원활한 청계천 주변과 종로에 자리를 잡았습니다. 이렇듯 가운데 경복궁을 중심으로 네 개의 주요 시설이 마련되었으니, 시장을 제외하고는 '좌묘우사, 전조후시'의 원칙이 맞아떨어집니다.

## 한양의 다섯 궁궐

조선은 1392년 개국을 한 이래 1897년 국호를 대한제국으로 바꾸기까지 500여 년을 존속했고 그동안에 한양에는 모두 다섯 개의 궁궐이 지어졌습니다. 사람도 일생을 살아가면서 몇 번 이사를 다니듯, 조선 왕실도 500여 년을 지내는 동안에 몇 가지 일들로 인해 궁궐이 여러 개 필요했기 때문입니다.

우선, 가장 먼저 지은 것이 경복궁입니다. 1394년 한양으로 천도한 후 그해 12월부터 공사를 시작해 이듬해 9월에 완성되었습니다. 이는 태조 이성계의 뜻에 따라 당시 개국공신이자 이성계의 심복이었던 정도전의 지시 아래 지어진 궁궐입니다. 가장 먼저 지은 궁이자 제일 중요한 자리에 위치하기 때문에 '법궁'이자 '정궁'이라고도 불립니다.

그런데 그즈음 이성계의 셋째 아들이던 이방원은 무언가 불만을 품고 있었습니다. 아버지가 막냇동생인 방석을 세자로 책봉하여 왕위를 물려줄 생각을 하고 있었기 때문입니다. 이에 방원은 '왕자의 난'을 일으켜 방석과 정도전을 죽이고 난 뒤 왕위에 올라 태종이 됩니다. 그러면서 자기 뜻에 따라 새롭게 지은 궁이 창덕궁입니다. 경복궁을 두고도 굳이 창덕궁을 지은 이유는 왕자의 난으로 인해 경복궁에서 너무 많은 사람이 죽어 나갔다는 죄책감 때문입니다. 그런 곳에서 계속 지내자니 마음이 불편하고 무서워 새 궁궐을 지어 옮긴 것이지요.

그리고 60여 년이 지나 성종 임금은 자신의 할머니와 어머니, 작은어머니 등 세 명의 대비를 위해 창덕궁 바로 옆에 창경궁을 짓습니다. 창덕궁과 창경궁은 서로 맞붙어 있었고, 경복궁을 중심으로 동쪽에 있었기 때문에 이 두 궁궐을 한데 아울러 '동궐'이라고도 부릅니다. 또한 경복궁이 법궁이자 정궁인 것에 비해 창덕궁과 창경궁은 별도의 궁이라는 뜻으로 '별궁' 혹은 '이궁'으로 부르기도 했습니다. 조선 왕조 500년을 통틀어 역대 왕들이 가장 오래 거주했던 곳이 바로 동궐인 창덕궁과 창경궁이었습니다.

한편, 조선 중기인 1592년 임진왜란이 일어나 일본군이 한양까지 쳐들어옵니다. 선조는 급히 피난을 갔는데 전쟁이 끝나고 다시 한양으로 돌아와 보니 경복궁과 창덕궁, 창경궁은 모두 불에 타고 없었습니다. 당장 있을 만한 곳이 마땅치 않아 월산대군의 사저를 임시 행궁[8]으로 삼아 지냈습니다. 월산대군은 앞서 말한 성종의 형이었는데, 선조 당시에는 그 후손이 살고 있었습니다. 월산대군의 집은 한양에서 가장 크고 좋은 집이었지만 그래도 사저였기 때문에 궁궐로 쓰기에는 좁고 불편했습니다. 그래서 근처의 민가를 더 사들여 급히 지은 궁궐이 경운궁입니다. 그리고 선조의 아들인 광해군이 경운궁 인근에 소규모로 또 하나의 궁궐을 지으니 이것이 경희궁입니다. 경희궁과 경운궁은 서로 인접해 있었고 또 경복궁을 중심으로 서쪽

---

8) 임금이 나들이 때에 머물던 별도의 궁전

에 있었기 때문에 이 둘을 한데 아울러 '서궐'이라고도 부릅니다. 경운궁과 경희궁은 임진왜란 직후에 급히 지은 궁이기 때문에 규모도 작을뿐더러 임금이 머물렀던 기간도 짧았습니다. 경운궁에서 선조와 광해군이 머문 기간은 15년 남짓이었고 곧 창덕궁을 새로 지어 거처를 옮겼습니다.

이곳에서는 제법 큰 두 개의 사건이 있었습니다. 그중 하나가 '인목대비 서궁 유폐사건'입니다. 광해군이 자신의 새어머니인 인목대비를 싫어한 나머지 서쪽 궁궐인 경운궁에 가두어 놓고 문안 인사조차 드리지 않은 사건을 말합니다. 광해군이 인목대비를 싫어한 데는 정치적인 이유가 크지만, 어쨌든 이런 불효로 인해 광해군은 민심을 잃고 왕위에서 쫓겨나게 됩니다.

▼ 인목대비가 유폐되었던 석어당

인목대비의 궁녀가 이때의 일을 소상하게 적어 놓은 것이 『계축일기』입니다. 1613년 계축년에 일어난 일이라 하여 '계축일기'라 불리는 이 책은 한글로 작성되어 궁중문학으로서 가치가 큽니다.

경운궁에서 일어난 또 하나의 사건은 조선 후기인 1897년 고종이 이곳에서 대한제국을 선포한 일입니다. 조선 후기는 일제의 침략으로 몹시 혼란스러웠는데, 그러한 와중에 고종은 경운궁에서 대한제국을 선포하고 자주국가이자 황제국임을 천명합니다. 외국과 활발한 교류를 하면서 국제적인 수준에 맞추기 위해 경운궁 내에 유럽식 궁전인 석조전을 지은 것도 이즈음이었습니다. 하지만 이러한 일을 일본이 그냥 두고 볼 리가 없었습니다. 고종은 대한제국이 자주독립국임을 알리기 위해 헤이그에서 열리는 만국평화회의에 이준 열사를 파견했는데, 일본이 이 일을 문제 삼았습니다. 그로 인해 고종은 일제에 의해 반강제적으로 아들 순종에게 왕위를 물려주고 퇴위하게 됩니다. 고종은 이제 상왕9)이 되었고, 순종은 그런 아버지께 '덕수'라는 존호를 지어 올리면서 고종이 머물던 경운궁은 덕수궁으로 이름이 바뀌었습니다. 그래서 지금도 덕수궁이라 불리고 있는데, 본래 이름은 경운궁이었습니다.

---

9) 자리를 물려주고 들어앉은 임금

한편, 경희궁은 일제 강점기에 가장 큰 피해를 입었습니다. 1908년 일본인의 자녀들을 위한 경성중학교를 세우기 위해 건물 대부분이 헐려 나갔으니까요. 해방 후 경성중학교는 서울고등학교가 되어 강남으로 이전했고, 현재 그 자리에는 서울특별시교육청, 서울역사박물관 등이 들어서 있습니다. 그러다가 2002년 정문인 숭정문과 숭정전, 자정전 등의 주요 전각을 복원하였습니다. 다섯 개의 궁궐 가운데 가장 큰 피해를 입은 궁궐이기 때문에, 현재 경희궁을 기억하는 사람은 매우 드뭅니다.

요약해 보면 한양에는 정궁이자 법궁인 경복궁, 동궐인 창덕궁과 창경궁, 서궐인 경운궁덕수궁과 경희궁 등 모두 다섯 궁궐이 있었습니다. 이 중에서 가장 먼저 지어진 중요한 궁이 경복궁이고, 실제로 왕들이 가장 오래 머물렀던 곳은 창덕궁과 창경궁이었습니다. 그렇다면 이 세 궁궐의 모습은 어떠했는지 좀 더 자세히 살펴보도록 하겠습니다.

Chapter

**3**

한양의
정궁,
경복궁

풍수지리에 대해 자세히 알지 못하는 사람이라도 좌청룡, 우백호, 남주작, 북현무에 대해서는 들어 보았을 것입니다. 동쪽<sub>관찰자 시점에서 왼쪽</sub>에는 푸른 용이 있고, 서쪽<sub>관찰자 시점에서 오른쪽</sub>에는 하얀 호랑이가 있으며, 남쪽에는 붉은 공작, 북쪽에는 검은 현무[1]가 있습니다. 이렇게 네 마리의 신령한 동물이 사방에 있을 때 그 가운데 자리가 가장 좋은 곳이라는 뜻입니다. 이것도 큰 틀에서 보자면 동서남북에 청제<sub>봄, 나무를 상징</sub>, 백제<sub>가을, 쇠를 상징</sub>, 적제<sub>여름, 불을 상징</sub>, 흑제<sub>겨울, 물을 상징</sub> 장군이 있어 가운데 앉은 황제를 보필한다는 중국의 전통 사상과 일치함을 알 수 있습니다.

---

1) 거북의 몸체에 뱀의 머리를 한 상상 속의 동물

# 네 개의 산으로 둘러싸인 도시

한양은 사방에 네 개의 산이 둘러싸고 있었습니다. 우선, 북쪽에는 북악산, 남쪽에는 목멱산남산, 서쪽에는 인왕산, 동쪽에는 낙타산낙산이 있었습니다. 북악산은 백악산이라고도 하는데, 현재 청와대 바로 뒤편에 있는 산입니다. 목멱산은 흔히 남산이라 불리는 산으로, 현재 이곳 정상에는 남산타워와 공원이 조성되어 있습니다. 인왕산은 경복궁 서쪽에 위치한 바위산으로 산세가 아름답고 빼어납니다. 한양을 둘러싸고 있는 네 개의 산 중에서 북악, 목멱, 인왕산은 높고 험준한 봉우리가 있어 산이라는 것이 명확하지만, 동쪽에 있는 낙타산은 어디를 말하는지 조금 모호할 것입니다. 이곳은 종로구 이화동, 동숭동 등지금의 대학로 인근의 언덕에 해당합니다. 네 개의 산 중에서 가장 낮고 밋밋해서 산이라기보다는 언덕에 가깝지만, 그래도 네 개의 산이 둘러싸고 있다는 개념에 맞추기 위해 낙타산 혹은 낙산이라 부르고 있습니다. 이렇게 네 개 산의 산등성이를 따라 한양을 둘러싸는 도성을 쌓았습니다.

1395년에 '도성축조도감'을 설치했고, 1396년부터 성곽을 쌓기 시작해 98일 만에 완성했습니다. 서울 성곽의 총길이는 대략 18킬로미터였는데, 이를 모두 97개소로 나누어 장정 11만 8천여 명을 동원해 동시다발적으로 공사를 진행한 결과였습니다.

▲ 서울 한양도성

높고 험한 곳의 성곽은 돌을 잘라 만든 석성으로 쌓았고, 평탄한 지형에는 흙을 쌓아 올려 만든 토성으로 쌓았습니다. 해방 후 서울의 경계가 확장되어 가는 과정에서 평탄한 곳에 쌓아 올렸던 토성은 허물어졌지만, 네 개의 산을 따라 산등성이에 쌓았던 석성은 지금까지도 남아 있습니다. 이렇게 성곽을 쌓으면서 사람이 드나드는 성문도 함께 만들었습니다. 성문은 동서남북의 네 방향으로 둔 사대문과 그 사이사이에 작은 문인 사소문을 두었습니다.

사대문부터 알아보자면 동쪽에 흥인지문, 서쪽에 돈의문,

▲ 사대문인 흥인지문, 숭례문, 숙정문의 모습

남쪽에 숭례문, 북쪽에 숙청문숙정문을 두었습니다. 이는 유교에서 가장 중요한 가르침인 '인, 의, 예, 지'에서 한 글자씩 따서 흥인지문, 돈의문, 숭례문이라 이름을 지은 것입니다. 그런데 인, 의, 예, 지 중에서 '지', 즉 지혜는 본래 함부로 드러내지 않는 것을 미덕으로 여겼습니다. 그래서 북대문은 '엄정하고 깨끗하게 다스린다'는 뜻으로 숙정문이라 불렀습니다. 동서남북 네 방향의 문 중에서 동쪽에 자리 잡은 흥인지문만이 네 글자로 이루어져 있습니다. 앞서도 말했듯 한양을 둘러싼 네 개의 산 중에서 동쪽의 낙산이 너무 밋밋해서 산이라고 할 수 없는 지경이므로, 부족한 기운을 보충하기 위해 동대문의 이름을 네 글자로 지었다는 이야기가 전해집니다. 네 개의 대문 중 서쪽의 돈의문은 일제 강점기에 헐려 버렸고 나머지 문들은 그 자리에 남아 있습니다.

아울러 사소문을 살펴보면 광희문동남향, 혜화문동북향, 소의문남서향, 창의문자하문, 북서향이 있었습니다. 이 중 소의문은 일제 강점기에 헐려 사라졌고, 광희문은 1975년, 혜화문은 1992년에 복원하여 현재에 이르고 있습니다. 창의문은 1396년에 지어진 모습을 그대로 간직하고 있습니다. 도성의 문은 아침저녁으로 정해진 시간에 열고 닫혔습니다. 그 안쪽을 '사대문 안'이라고 했는데, 조선의 한양은 이 사대문 안 구역이었습니다.

이 사대문 안에 가장 중요한 궁궐인 경복궁을 앉혀야 했는데, 구체적인 위치는 북악산 바로 밑으로 정해졌습니다. 일설에 의하면 경복궁의 위치를 어디에 둘까 하는 문제로 유학자인 정도전과 고려 말의 고승이던 무학대사가 서로 다른 의견을 냈다고 합니다. 무학대사는 인왕산 바로 아래 궁궐을 앉히고 동향을 해야 한다고 주장했습니다. 하지만 정도전은 북악산 바로 아래 궁궐을 두고 남향을 해야 한다고 했죠. 두 주장이 팽팽히 맞선 가운데 결국 정도전의 의견대로 북악산 아래 남향의 경복궁이 지어지게 되었다는 이야기가 조선 중기 차천로의 문집인 『오산설림초고』에 나옵니다. 이는 단순히 전설이나 옛날이야기 같아 보일 수 있지만 조선이 건국됐을 당시의 시대상을 반영하고 있습니다.

정도전은 젊은 유학자로서 신진사대부 계층을 상징합니다. 한편, 무학대사는 나이 든 고승으로서 불교 세력을 상징합니다. 즉, 조선의 건국 초기, 유학을 기반으로 하는 신진사대부 계층과 불교를 기반으로 하는 고려의 전통적인 보수층 간에 서로 의견 충돌이 있었음을 나타냅니다. 고려는 불교를 신봉했지만 조선은 유교를 사상적 기반으로 하면서 불교를 억압했습니다. 고려의 국교 역할을 하던 불교가 조선 시대에 들어 배척당하는 과정을 상징적으로 보여 준다고 하겠습니다. 당시 무학대사는 인왕산 아래 궁궐을 앉히고 동향을 해야 한다고 주장했는데, 불교의 사찰 건물은 본래 동쪽 방향이 원칙입니다. 불교에서는 새벽 예불을 중요시해서 대웅전을 동쪽으로 향하게 하고 그곳에 부처님을 모십니다. 신도들이 새벽 예불을 드리러 왔을 때 대웅전의 부처님이 새벽녘에 떠오르는 아침 해를 정면으로 받아 얼굴이 환하게 보이도록 하는 효과를 노린 것입니다.

하지만 유교의 궁궐 건축은 남쪽으로 향하게 하는 것이 원칙입니다. 중국에서 왕은 하늘의 아들이라는 뜻에서 '천자'라고도 불렸는데, 천자는 하늘의 뜻을 살피기 위해 태양의 움직임을 관찰해야 했습니다. 그러자면 왕이 남쪽을 보고 앉아야 아침에 해가 동쪽에서 떠서 저녁에 서쪽으로 지기까지 온종일 태양의 모습을 잘 관찰할 수 있다고 생각했습니다. 이처럼 왕이 남쪽을 보고 앉아 있는 것을 '제왕남면帝王南面'이라고 했습니다.

불교의 고승이 주장하는 동향의 궁궐, 젊은 유학자가 주장하는 남향의 궁궐, 둘 중에서 조선의 궁궐로 적당한 것은 당연히 후자였습니다. 그리하여 경복궁은 제왕남면의 법칙에 따라 북악산 아래 남향으로 자리 잡게 되었습니다. 경복궁을 중심으로 '좌묘우사, 전조후시'의 원칙에 따라 종묘, 사직, 조정, 시장을 두었다는 것은 앞에서 살펴보았습니다.

한편, 한양을 둘러싼 도성이 있듯 경복궁을 둘러싼 담장도 있었습니다. 이를 '궁성'이라 불렀으며 여기에도 동서남북으로 네 개의 대문을 두었습니다. 동쪽에는 건춘문, 서쪽에는 영추문을 두었는데, 이는 '봄을 세우는 문', '가을을 맞이하는 문'이

라는 뜻입니다. 전통 사상에서 동쪽은 봄, 서쪽은 가을을 상징
하므로 그에 맞추어 지은 이름입니다. 그리고 남쪽에는 광화
문, 북쪽에는 신무문이 있었는데, 이 중 가장 크고 중요한 문은
육조거리와 연결된 광화문이었습니다. 경복궁은 정남향을 하
고 있어 남쪽의 광화문이 가장 큰 대문이었기 때문입니다.

　대문인 광화문을 열고 들어가면 무엇이 있을까요? 본래 우
리나라의 전통 궁궐은 '삼문삼조三門三朝'의 형식을 취합니다. 이
는 세 개의 대문과 세 개의 주요 전각을 말하는 것입니다. 앞서
동쪽과 서쪽, 북쪽에 건춘문, 영추문, 신무문이 있다고 했지만
이는 정문이라기보다 옆문과 뒷문에 해당하기 때문에, 세 개의
대문 중에 이 문들은 제외합니다. 경복궁의 대문인 광화문을
열고 들어가면 홍례문이 나오고, 다시 근정문이 나오는데, 이
를 '삼문'이라고 합니다. 그다음 근정문을 열고 들어가면 근정
전이 있고 그 뒤에 사정전이 있으며 그 뒤로 다시 강녕전이 나
오는데 이를 '삼조'라 합니다. 다시 말해 경복궁의 삼문삼조는
'광화문-홍례문-근정문-근정전-사정전-강녕전'으로 이어지는
구성이었습니다.

　경복궁에는 수많은 전각과 사이사이 많은 문이 있지만 가장
중요한 시설은 바로 이 삼문삼조였습니다. 삼문삼조는 모두 정
남향을 한 채 앞에서부터 뒤쪽까지 한 줄로 죽 이어져 있었습
니다. 광화문-홍례문-근정문까지 대문이 세 개나 있었던 이유

는 건물의 품격을 높이기 위해서였습니다. 통과해야 하는 문이 많아질수록 일반인들은 들어오기 힘들어집니다. 대문을 단순히 열고 닫는 정도가 아니라 그 앞에 문지기와 군사들이 지키고 서 있어 드나드는 것을 하나하나 통제했을 테니까요.

건물의 위계를 높이기 위한 상징적 장치가 하나 더 있었습니다. 광화문을 열고 들어오면 그 앞에 '금천'이라고 하는 조그만 개천이 하나 흐릅니다. 금천은 '금지된 개천'이라는 뜻인데, 아무나 함부로 건널 수 없다는 의미이기도 합니다. 본래 강이나 개천, 물이라고 하는 것은 하나의 경계를 상징합니다. 이는

금천을 지키는 천록

신화나 종교적으로 보면 삶과 죽음의 경계를 뜻하기도 하지요. 흔히 이승과 저승에는 큰 강이 하나 있어 사람이 죽으면 먼저 그 강을 건너가게 된다고 말합니다. 그 강이 우리나라에서는 황천이었고, 유럽 기독교에서는 요단강이었습니다. 그래서 황천길을 간다거나 요단강을 건넌다는 것은 곧 죽음을 뜻했습니다. 이처럼 동서양의 모든 종교에서 강물은 어떤 경계를 말합니다.

한편, 건축적으로 생각해 보면 두 공간을 명확히 분리해야 할 때 인위적으로 물이나 개천을 두기도 합니다. 앞서 중세 시대에 성을 만들 때 방어를 위해 해자나 도랑을 판다고 했지요? 중세 시대에는 방어를 위한 실용적 시설이던 것이 조선 시대에도 여전히 그 상징적 의미가 남아 조그만 개천을 두었습니다. 다시 말해 '함부로 건널 수 없는 개천'이라는 의미의 금천을 두어 궁궐 안과 궁궐 밖의 구분을 명확히 한 것입니다. 이처럼 잡인들은 함부로 들어올 수 없는 곳이 경복궁이었습니다. 이 개천을 건너기 위한 돌다리로 영제교가 있었고, 이를 건너면 넓은 마당이 나옵니다. 예전에는 이곳에 많은 군사를 두어 경복궁을 지켰을 것이고, 지금도 시간에 맞추어 수문장 교대식이 열리곤 합니다. 이곳을 지나면 홍례문이 있습니다. 이제 조금 더 안쪽으로 들어온 셈입니다. 홍례문을 지나면 근정문이 나오고 이 문을 지나면 궁궐 안에 완전히 들어온 것입니다. 맞은편에 임금이 계시던 근정전이 보이니까요.

근정전-사정전-강녕전을 삼조라고 했는데 이는 임금이 머물고 생활하는 세 가지 중요한 전각을 말합니다. 일단 근정전은 가장 공적인 공간으로서 즉위식이나 책봉식 등의 큰 행사를 치르거나 한 달에 두 번 신하들이 모여 조회를 하는 장소로 사용되었습니다. 요즘으로 말하자면 큰 강당이나 행사장이라고 할 수 있습니다. 조회나 행사를 위한 공간이어서 신하들이 품계별로 늘어서도록 품계석이 마련되어 있었습니다. 이는 정1품부터 종9품까지의 품계를 표시한 돌로서, 신하들은 자기 품계에

▲ 경복궁의 전체적인 배치도

맞는 돌 앞에 서야 했습니다. 근정전 뒤에 마련된 사정전은 임금의 일상적인 업무 공간이었습니다. 삼정승과 6조 판서 등 중요한 신하들이 모여 나라의 정치를 논하던 곳으로, 임금은 이곳에서 가장 많은 시간을 보냈습니다. 그 뒤편으로 강녕전이 있었는데 임금의 침소로 사용되는 사적인 공간이었습니다.

삼조의 성격을 요약해 보면 맨 앞에 놓인 근정전은 가장 공적인 공간, 중간에 놓인 사정전은 일상적인 업무 공간, 뒤에 놓인 강녕전은 가장 사적인 공간으로 볼 수 있습니다. 즉, 앞으로 갈수록 공적인 공간, 뒤로 갈수록 사적인 공간이 놓이는 명확한 구조입니다.

한편, 처음 지었을 때는 근정전-사정전-강녕전의 삼조 구성이었다가 이후 세조 때 강녕전 뒤편으로 왕비의 침소 공간인 교태전이 지어집니다. 왕실에서 왕비는 단순히 왕의 아내이자 세자 어머니의 역할만 한 것이 아니었습니다. 궁궐 안에서 일하는 수많은 궁녀와 상궁인 내명부는 물론, 신하들의 부인인 외명부까지 모든 여성을 통솔하는 역할을 했습니다. 그야말로 만백성의 어머니였기 때문에 할 일도 많아 넓은 공간이 필요했을 것입니다. 그래서 교태전 옆에는 원길헌, 함홍각, 건순각 등 여러 건물이 서로 맞붙어서 하나의 큰 영역을 이루었습니다. 교태전 영역은 왕비가 쓰는 곳이니만큼 경복궁 내에서도 가장 화려하고 정교하게 꾸며졌습니다.

▲ 교태전 굴뚝

그뿐만 아니라 교태전 뒤편으로는 '아미산'이라는 인공 언덕을 조성하여 예쁘고 아기자기한 정원을 꾸몄습니다. 왕실의 여인들은 한 번 시집을 오면 궁중 밖으로 나갈 수가 없었습니다. 그러니 얼마나 답답했을까요. 그 마음을 달래 주기 위해 마련된 작고 예쁜 정원에 꽃으로 만든 계단이라는 뜻의 화계가 있었습니다.

좁은 공간에 정원을 조성하자니 되도록 입체적으로 보이기 위해 계단식 정원으로 만든 것입니다. 곳곳에 기암괴석을 배치하고 매화, 모란, 진달래, 해당화 등 철 따라 꽃을 볼 수 있도록 꽃나무를 가득 심었습니다. 뒤쪽에는 교태전 온돌방의 연기가 빠져나가는 굴뚝을 두었는데, 이 굴뚝이 화려함의 극치를 보여 줍니다. 굴뚝은 6각형의 육모 굴뚝인데, 그 여섯 면에는 모란, 국화, 대나무, 매화, 소나무, 석류 등의 모양을 새겨 넣었습니다.

이 아미산 후원에서 한참을 더 뒤쪽으로 나가면 궁궐의 끝이자 북문인 신무문이 나오고, 신무문을 빠져나가면 아주 넓은 후원이 마련되어 있었습니다. 지금의 청와대 자리인데 조선 시대 이곳은 주로 무예 연습장이나 왕의 사냥터로 사용되는 널찍한 곳이었습니다. 당시의 사냥은 단순히 왕의 취미나 여가활동이 아니라 임금과 신하가 한데 어울려 화합을 다지는 중요한 일이었습니다. 고구려 시대의 이야기인 바보 온달과 평강공주 전설을 알고 있지요? 사람들은 모두 온달을 바보로 알고 있었지만, 삼월 삼짇날에 열리는 사냥 대회에서 임금의 눈에 띄어 장수로 추천됩니다. 사냥 대회에서 온달이 뛰어난 기량을 발휘했기 때문인데, 이처럼 사냥은 임금과 신하가 만나 무예 기술을 겨루어 보는 자리이기도 했습니다. 바로 그 사냥이 이루어지던 곳이 경복궁 신무문 뒤쪽에 마련된 후원이었습니다. 후원에는 문무를 융성한다는 뜻으로 융문당, 융무당을 두었고, 또 무예 시험을 관장하던 경무대도 있었습니다. 경무대가 있던 자리에 해방 후 청와대가 들어섰습니다. 현재 청와대 관람을 해 보면 녹지원이라는 넓은 정원이 나오는데, 바로 그곳이 왕실 사냥터이자 무예 시험장이었을 것입니다.

요약해 보면 경복궁은 남북 방향으로 명확한 축선[2]을 갖는

---

2) 건축물을 배치할 때 일정한 방향, 주로 앞뒤 방향으로 나란히 배치하는 형태

구성입니다. 앞쪽에서부터 삼문삼조의 구성으로 이루어져 있고 뒤쪽에는 교태전, 아미산, 후원 등의 공간을 두었습니다. 그렇다면 동쪽과 서쪽에는 무엇이 있었을까요?

우선, 동쪽에는 왕의 가족인 대비와 세자를 위한 곳이 마련되어 있었습니다. 사극을 보면 세자를 부를 때 '동궁마마'라고 하는데 실제로 세자의 공간이 동쪽에 있었기 때문입니다. 세자는 왕처럼 정치를 직접 하지는 않았지만, 미래를 준비하며 열심히 공부했습니다. 그래서 세자와 세자빈이 생활하는 자선당, 그 옆에 세자의 업무 공간인 계조당을 두었습니다. 공부하는 서재인 비현각도 있었습니다. 한편, 왕의 어머니인 대비를 위한 자경전도 동쪽에 있었습니다. 이처럼 동쪽이 세자와 대비를 위한 곳이라면, 서쪽은 신하를 위한 곳이었습니다. 본래 궁궐에는 왕의 생활 공간과 통치 공간이 함께 있어서 궁궐 안에 주요 관청들이 자리했습니다. 이를 '궐내각사'라 했고 주로 서쪽에 있었습니다.

대표적인 곳으로 세종대왕이 학자들과 함께 한글을 창제했던 집현전이 있고, 해시계를 비롯한 각종 기상 관측 기구들을 두었던 흠경각도 있었습니다. 또한 문서와 서적을 관리하던 홍문관, 왕명 출납을 담당하는 곳으로 요즘의 비서실과 비슷했던 승정원도 경복궁 서쪽에 있었습니다. 집현전, 홍문관, 승정원 등 주요 전각이 모여 있는 이곳에 큰 연못과 경회루도 있었습

▲ 자경전

▲ 경회루

니다. 궁궐 안에 조성된 인공 연못 한가운데에 2층 누각 형태의 경회루가 있었습니다. 국가에 기쁜 일이 있을 때 임금과 신하가 만나 잔치를 하고, 또한 중국에서 사신이 오면 연회를 베풀던 곳이기도 했습니다. 이러한 경복궁의 배치 계획을 세우고 각 대문과 전각들의 이름을 지은 것은 정도전이었습니다.

경복궁은 남북으로 명확한 축선을 가질 뿐만 아니라 궁역과 궐역의 구분도 확실한 것이 특징입니다. 흔히 우리나라의 궁은 '궁궐'이라고 하지만 유럽의 궁은 주로 '궁전'이라 부릅니다. 여기서 궁궐이란 왕과 그 가족들의 사적인 생활 공간인 궁역, 신하들의 업무 공간이라 할 수 있는 궐역을 모두 합쳐 부르는 말이기도 합니다. 경복궁은 궁역과 궐역의 구분이 명확하고 또 궐역이 더 크게 발달했습니다. 아무래도 신하의 입장이었던 정도전의 계획에 따라 지어졌기 때문으로 보입니다.


## 전각의 명칭

궁궐은 임금과 신하가 함께 어울려 생활하고 업무를 보던 곳입니다. 신하들은 요즘으로 말하자면 국가 공무원이었고, 공무원들이 1급부터 9급까지 급수가 나뉘어 있듯 조선의 신하들도 1품부터 9품까지 품계가 나뉘어 있었습니다. 정1품에 해당하는 신하는 영의정, 좌의정, 우의정 등의 삼정승이고 정2품은 육조의 판서들이었습니다.

한편, 왕과 왕비, 대비 및 왕의 자녀인 공주, 대군 등은 본래 품계가 없었습니다. 대신 세자와 결혼한 세자빈은 정1품, 왕의 후궁인 빈, 귀인 등은 정1품과 종1품의 품계를 받았습니다. 그리고 이런 품계에 따라 거주하는 전각의 명칭이 구별되었습니다. 우선, 왕과 왕비, 대비 등 품계가 없는, 다시 말해 가장 높은 사람이 사는 곳의 명칭은 '○○전'이었습니다. 앞서 말한 대로 왕의 공간인 근정전, 사정전, 강녕전이 그러합니다. 아울러 왕비의 침소인 교태전, 대비의 처소인 자경전, 그리고 세종이 신하들과 함께 한글을 창제하던 집현전과 집현전이 허물어진 자리에 새로 지어진 수정전도 그러합니다. 이처럼 ○○전은 임금과 왕비, 대비가 머무는 곳에만 붙일 수 있었고, 그래서 임금을 부를 때 '전하'라고 하는 것입니다. ○○전에는 임금이 앉아 있고 다른 신하들은 ○○전 아래에 있을 테니, 바로 그 "'○○전의 아래'에 있는 저를 봐 주십시오."라는 뜻으로 부르던 말이었습니다. ○○전은 건물 중에서 가장 격식 있는 곳에 붙이던 명칭이어서 주로 궁궐 안에서만 사용되었습니다. 궁궐 밖에서 ○○전이라는 명칭이 사용되는 곳으로는 불교 사찰에서 부처님이 계시는 대웅전, 그리고 성균관이나 지방 향교에서 공자의 위패를 모시는 대성전 등이 있습니다. 부처님과 공자는 세계 4대성인에도 포함되는 사람이니, ○○전의 위계가 얼마나 높은지를 알 수 있습니다.

그다음으로 '○○당'이 있는데 이는 주로 세자, 후궁 등이 거주하는 곳에 붙였습니다. 왕실에서 왕 다음으로 높은 사람이 세자일 것이고, 왕비 다음으로 높은 사람은 후궁과 세자빈인데 이들은 주로 정1품의 품계를 받았습니다. 대표적으로 세자와 세자빈의 거처인 자선당, 세자의 업무 공간인 계조당이 있습니다. 후궁 중에서 가장 유명한 후궁인 장희빈의 처소는 창경궁의 취선당이었고, 조선의 마지막 옹주였던 덕혜옹주의 어머니인 귀인 양씨가 거주한 곳은 덕수궁의 복녕당이었습니다.

한편, '○○각', '○○합'으로 끝나는 건물은 ○○당보다 한 단계 아래의 건물로서 주로 '당'에 부속된 경우가 많습니다. 이를테면 세자의 업무 공간인 계조당 근처에 서재인 비현각이 있었습니다. 왕비의 침전인 교태전과 연결된 곳에 함홍각, 건순각[3]이 있었죠. 그리고 여기서 파생된 말로 '합하'와 '각하'가 있습니다. 합하는 고종이 즉위했을 때 그 아버지인 흥선대원군을 부르던 말이었고, 조선 시대에 각하는 본래 1품에서 2품 정도의 높은 벼슬을 한 사람을 부르던 말이었습니다. ○○전에 부속된 건물이 ○○각이고, ○○각은 주로 왕을 보필하

---

3) 왕비가 왕자나 공주를 출산하는 방이 건순각이고, 그 부속 공간이 함홍각이다.

는 신하들이 사용했기 때문입니다. 이처럼 각하도 매우 높은 사람을 이르는 말이어서, 해방 후 1960~1970년대까지만 해도 '대통령 각하'라는 말을 쓰기도 했지만 요즘은 이 말을 더 이상 쓰지 않습니다.

그 외에 '○○재'는 왕과 그 가족이 휴식을 취하는 공간이나 주거 공간 및 관료들이 업무를 보던 곳으로 품격이 한 단계 더 낮습니다. 대표적인 곳으로 고종의 서재였던 경복궁의 집옥재가 있습니다. '○○헌'으로 끝나는 건물은 대개 대청마루 형식을 한 건물로 교태전에 부속된 원길헌이 있습니다. 한편, '○○루'로 끝나는 말은 2층 누각을 말하는 것으로 대표적인 곳이 바

| | 거주 및 사용자 | 사용 목적 |
|---|---|---|
| ○○전 | 왕, 왕비, 대비 등 품계 위에 있는 가장 높은 사람들 | 생활 공간이나 업무 공간 |
| ○○당 | 주로 1품의 품계를 받은 사람들 (왕세자와 대군을 비롯한 왕세자빈, 빈, 귀인 등의 품계를 받은 후궁) | 생활 공간이나 업무 공간 |
| ○○각, ○○합 | | 주로 ○○전에 부속된 공간, 왕을 보필하는 신하들이 사용하는 경우가 많음 |
| ○○재 | 왕과 그 가족들이 휴식을 취하거나 생활하는 공간 | |
| ○○헌 | | 왕의 업무 공간으로 주로 휴식 등의 용도로 사용 |
| ○○루, ○○각 | | 주로 2층 건물에서 1층을 ○○각, 2층을 ○○루라 하는 경우가 많음. 경치나 풍경이 좋은 곳에 지어진 누각이 많음 |
| ○○정 | | 1층으로 이루어진 정자, 왕과 가족들의 휴식 공간 |

▲ 전각의 명칭

로 경회루입니다. 본래 전통 한옥에는 2층 건물이 드물지만 그래도 더러 2층 건물을 짓는 경우가 있는데, 주로 경치가 좋은 곳에 지어진 누각이 많습니다. 이때 위층을 ○○루라 하고 아래층을 ○○각이라 하며 이 둘을 합치면 '누각'이 되는 것입니다. 한편, '○○정'은 단층짜리 정자를 말하는 것으로 경복궁 내의 향원정이 있습니다. 이처럼 전각의 각 명칭은 거주하는 사람의 품계에 따라 달랐습니다.

경복궁은 모든 것이 정확한 위계질서에 따라 계획되었고 이를 계획한 사람은 정도전, 실제 공사를 진행한 사람은 심덕부였습니다. 그런데 정도전이나 심덕부를 건축가로 보기에는 다소 무리가 있습니다. 당시에는 요즘과 같은 건축가라는 직업이 존재하지 않았고 건축 설계라는 개념도 희박했습니다. 다만, 여기에 이 전각, 저기에 저 전각을 둔다는 정도의 개념만 잡았고 실제 공사는 궁궐 소속의 목수들이 담당했습니다. 이때 목수들을 감독하면서 공사를 총괄하는 일을 심덕부가 했을 것입니다. 실제로 그는 문신으로 조선의 개국공신 중 한 명이었습니다.

경복궁은 조선의 가장 중요한 궁으로서 『주례』-「고공기」에 나오는 대로 지어진 궁궐이지만, 실제 이곳에서 머물며 생활했던 왕은 드물었습니다. 대부분의 왕은 동궐인 창덕궁과 창경궁에서 지냈으니까요. 경복궁을 궁궐로써 실제 사용했던 왕은 세종입니다. 세종은 집현전에서 한글을 창제하고 흠경각에서 물시계와 해시계를 만드는 등 문화를 크게 융성시켰습니다.

하지만 손자인 단종 때에 이르러 세종의 둘째 아들이던 수양대군이 계유정난을 일으켜 왕위를 찬탈하고 세조가 됩니다. 자기 조카이자 왕으로 있던 단종을 반강제적으로 퇴위시키고 스스로 왕이 되는 어마어마한 일이 경복궁에서 일어났습니다. 무슨 까닭인지 경복궁에서는 앞서 왕자의 난이 일어나기도 했고, 또 계유정난이 발생하는 등 흉흉한 일이 자주 있었습니다. 그곳에서 너무 많은 사람이 죽어 나갔으니 세조 역시 괴로움과 죄책감에 시달렸을 것입니다. 그래서 이방원이 그러했듯, 세조 도 경복궁을 떠나 창덕궁으로 거처를 옮기면서 경복궁은 오랜 시간 버려집니다. 더구나 1592년 임진왜란이 일어나 경복궁은 불길에 휩싸입니다. 한국의 전통 건물은 목조건물이 많아서 불에 타기 쉬운데, 경복궁 역시 모두 불타 버렸습니다. 이후 다시 지어지지도 않은 채 270여 년이라는 긴 세월 동안 경복궁은 잡초가 무성한 폐허로 남아 있게 됩니다.

## 경복궁의 중건

조선 말기인 1863년 고종이 즉위합니다. 그때 고종은 12세의 어린 나이였기 때문에 아버지인 흥선대원군이 대신 정치를 했습니다. 당시 조선은 나라 안팎으로 혼란스럽던 시기였고, 이에 대원군은 오랫동안 방치되다시피 한 경복궁을 고쳐서 짓는 중건 사업을 벌입니다. 이는 나라의 으뜸인 궁궐을 바로 세운다는 상징적 의미도 있었고, 또한 대규모 토목공사를 벌여 경제를 살리자는 실질적 목적도 있었습니다. 1865년 중건 계획을 발표하여 건축 공사를 맡을 기관으로 '영건도감'을 설치했고 1867년 경복궁이 새로 완공되었습니다. 경복궁은 조선 초기 390여 칸으로 지어졌지만 1867년에 모두 7,225칸의 대규모로 중건되었으니 본래보다 약 19배 정도 확장된 셈이었습니다. 1868년 고종과 그 가족은 새로 지어진 경복궁으로 거처를 옮겼습니다. 그렇다면 본래보다 훨씬 큰 규모로 확장된 새 경복궁에는 어떤 전각이 있었을까요? 예전과 비교해 보면 경복궁 뒤편에 태원전, 건청궁, 집옥재, 향원정을 새로 지었다고 할 수 있습니다. 이는 단순히 건물 네 채가 아닌, 각각 하나의 큰 영역이었습니다.

우선, 경복궁 뒤편 서쪽에 마련된 태원전 영역은 산 사람이 아닌 죽은 사람을 위한 빈전이었습니다. 우리도 누군가가 돌아가시면 '빈소'를 마련하고 조문객을 받습니다. 그런데 일반 사람이 아닌 왕이 승하했으므로 빈소가 아닌 '빈전'이라 부르는 것입니다. 앞서 왕이 머무는 전각의 명칭을 ○○전이라 부른다고 했는데, 승하한 왕도 살아 있을 때와 마찬가지로 생각했기 때문입니다. 요즘은 사흘 동안 장례를 치르는 삼일장이 보통이지만, 조선 시대 왕이 승하하면 준비해야 할 것이 많았기 때문에 장례 기간도 몇 달씩 걸렸습니다. 그동안 왕의 시신을 모시던 곳이 태원전이고, 그 주변으로 영사재, 공묵재, 숙문당 등이 있었습니다. 즉, 세자와 대군들이 머물던 곳, 제사를 준비하던 곳이었습니다.

▲ 태원전

▲ 건청궁

한편, 경복궁 뒤편 동쪽으로는 '건청궁'이라는 곳이 있었습니다. 경복궁 안에 건청궁이 있다니, 궁궐 안에 또 궁궐이 있는 격이 되어 조금 이상해 보일 수도 있지만, 이것이 지어질 당시의 모습을 생각해 보아야 합니다. 고종은 열두 살의 나이로 즉위했지만 아직 어려서 아버지인 흥선대원군이 섭정을 했습니다. 그렇게 10년이 지나고 스물두 살이 된 1873년에야 비로소 친정을 할 수 있었는데, 이때 지어진 것이 바로 건청궁입니다. 경복궁 중건은 사실상 아버지인 흥선대원군이 한 일이고, 그 안에 건청궁을 새로 지은 것은 고종이 한 일이라 볼 수 있습니다. 실제로 고종은 자신의 개인 돈이라 할 수 있는 내탕금을 들여 건청궁을 지었고, 이에 경복궁을 지었는데도 또 건청궁을 새로 짓는다고 대신들의 반대도 많았다고 합니다. 개인의 돈으로 굳이 건청궁을 지은 이유는 아버지의 그늘에서 벗어나 자신만의 새로운 정치를 펼쳐 보고 싶다는 뜻으로 이해할 수 있습니다. 10년간의 섭정을 마치고 이제야 겨우 친정을 하게 된 스물두 살 청년의 마음이 읽힙니다.

건청궁은 궁이라는 이름과 달리 작은 규모로 소박하게 지어졌습니다. 다른 전각들처럼 처마에 오색단청을 하지 않아 마치 여염집 양반가를 보는 것 같기도 합니다. 궁궐 안 전각에 왜 단청을 하지 않았는지 의아한데, 19세기가 되면 이런 건물이 창경궁에도 지어지므로 뒤에서 좀 더 자세히 살펴보겠습니다. 건청궁은 고종의 사랑채라 할 수 있는 장안당, 잠을 자는 침소였던 정화당, 중전인 명성황후가 사용한 곤녕합으로 이루어져 있었습니다. 한편, 건청궁 앞에는 연못을 조성하고 향원정이라는 정자도 두었습니다. 경회루보다는 규모가 작아서 소규모 연회용이나 왕실 가족이 사용했을 것입니다.

장안당은 양반 사대부가의 사랑채와 크기가 비슷해서 이곳에서 국정을 수행하기에는 조금 좁았을지도 모릅니다. 그래서 건청궁 인근에 고종의 서재인 집옥재를 두었습니다. 말이 서재이지 크기도 크고 모양도 화려해서 외국 사신이 오면 그곳에서 연회를 베풀었습니다. 그러고 보니 경복궁 뒤편에 마련된 건청궁, 집옥재, 향원정 등은 모두 고종이 지은 것입니다. 이곳에서 젊은 고종은 명성황후와 함께 조선을 새롭게 개혁하고자 했지만, 곧 비극이 찾아옵니다. 건청궁을 짓고 20년쯤 지난 1895년 10월 8일 을미사변이 일어났기 때문입니다. 일본인 낭인들은 경복궁 안에서도 가장 깊숙한 곳인 건청궁 곤녕합까지 찾아와 명성황후를 시해하는 만행을 저질렀습니다. 이에 크게 놀란 고종은 이듬해인 1896년 2월, 아들 순종과 함께 급히 러시아 공사관으로 피신하는데 이를 '아관파천'이라고 합니다. 고종은 그곳에서 1년 정도 지내다가 1897년 2월 20일 경복궁이 아닌 경운궁덕수궁으로 환궁합니다. 명성황후 시해라는 큰 사건이 벌어진 경복궁에 더 이상 머물기 싫어졌기 때문인데, 이로 인해 경

▲ 장안당, 향원정, 집옥재의 모습

복궁은 또 한 번 버려집니다. 그리고 마침내 일제 강점기였던 1926년 10월, 홍례문이 있던 곳에 일제에 의해 조선총독부 건물이 지어집니다.

앞서 다루었듯이 경복궁 앞에 전조후시의 원칙에 따라 6조를 비롯한 주요 관청이 늘어서 있었습니다. 경복궁 바로 코앞에 조선총독부를 지은 것은 조선 왕실을 대체하는 새로운 지배 권력으로 조선총독부가 들어섰다는 것을 드러내는 처사였습니다. 이후 1945년 해방이 되었지만 조선총독부 건물은 한동안 '중앙청'이라 불리며 중앙 관청의 역할을 했습니다. 그러다 해방 50주년이 되는 1995년 8월 15일 건물을 철거했습니다. 이후 경복궁은 꾸준한 복원 사업을 통해 현재에 이르고 있습니다.

▼ 현재의 청와대

한편, 궁궐은 넓은 후원을 함께 가진다고 했는데, 경복궁 후원에는 해방 후 청와대가 자리 잡고 있어서 시민들의 출입이 엄격히 통제되었습니다. 본래 고려 시대부터 연흥전이 있던 곳이자 조선 시대에는 경복궁 후원, 해방 후에는 청와대가 들어서며 천년의 세월 동안 일반 사람들은 함부로 다닐 수 없는 금단의 땅이었습니다. 하지만 2022년 대통령 집무실이 용산으로 이전하면서 청와대가 개방되었습니다. 이제 경복궁과 청와대를 함께 관람할 수 있게 되었고 아울러 광화문 앞의 육조거리도 널찍한 보행자 공간으로 거듭났습니다. 현재 그곳에는 세종대왕 동상이 있는데, 조선 왕조 500년을 통틀어 경복궁에서 실제 생활하면서 한글을 창제했던 세종의 모습과도 잘 맞아떨어집니다.

▼ 세종대왕 동상

Chapter

4

# 창덕궁과
# 창경궁

1962년 1월 26일, 김포공항에는 나이가 지긋한 여인 몇몇이 한복을 차려입고 모여 있었습니다. 그러다가 갑자기 어떤 비행기 한 대를 보더니 나지막이 '아기씨'라고 부르며 비행기를 향해 큰절을 올리기 시작했습니다. 낯선 광경에 다들 어리둥절했는데, 그들은 옛 조선 왕실의 상궁들이었고 아기씨는 비행기에 탄 덕혜옹주를 부르는 말이었습니다. 고종의 막내딸로 태어나 1931년 일본에 의해 강제로 일본인과 결혼했던 덕혜옹주가 31년 만에 귀국하던 순간이었습니다. 이후 덕혜옹주는 창덕궁 낙선재에서 여생을 보냈습니다. 이곳에는 덕혜옹주의 이복오빠인 영친왕과 그의 아내 이방자 여사도 함께 살고 있었습니다.

대한민국이 건국된 이후에도 마지막 왕족이던 영친왕과 덕혜옹주가 살았던 창덕궁은 어떤 곳이었을까요?

## ▌왕자의 난을 일으킨 이방원

조선이 건국되고 얼마 지나지 않았던 1398년태조 8년, 태조 이성계의 셋째 아들 방원이 왕자의 난을 일으킵니다. 아버지가 막냇동생인 방석에게 왕위를 물려주려고 하자 불만을 품고 벌인 일이었습니다. 그 통에 방석은 죽임을 당했고 개국공신으로서 이성계의 큰 신임을 받고 있던 정도전도 죽임을 당합니다. 이에 이성계는 크게 노하여 왕위에서 스스로 물러나는 퇴위를 해 버리고 둘째 아들 방과가 왕위에 올라 2대 임금 정종이 되었습니다. 하지만 방과는 왕위에 큰 뜻이 없었고, 결국 1400년에 방원이 왕위에 올라 3대 임금인 태종이 됩니다.

그가 왕위에 오른 지 얼마 되지 않은 1404년 한양의 응봉 자락에 새롭게 궁궐을 조성하여 이듬해인 1405년 완공하니 이것이 바로 창덕궁입니다. 경복궁 완공이 1395년이니, 불과 10년 만에 새로운 궁궐을 또 지은 셈입니다. 이에 궁궐을 처음 지을 때 성석린, 조준 등 당시 원로 대신들의 반대가 많았지만 이방원은 자신의 뜻을 끝까지 밀어붙여 궁을 지었습니다. 왕자의 난으로 인해 많은 사람이 경복궁에서 죽어 나갔기 때문입니다. 자신이 일으킨 난으로 경복궁에서 많은 사람이 죽었으니 이방원으로서는 죄책감도 크고 그곳에서 더 이상 머무르고 싶지 않았을 것입니다. 더구나 경복궁은 정도전의 뜻에 따라 지어졌는데 정도전도 왕자의 난으로 죽었습니다. 그러니 여러 대신의 반대에도 불구하고 새 궁궐을 지어 이어[1]를 한 것입니다.

이렇듯 이방원의 고집으로 밀어붙여 지은 궁이어서 어디에 무슨 전각을 둘지 하는 문제도 이방원이 직접 계획했으며, 실제 공사 감독은 박자청이 담당했습니다. 유학자 정도전이 계획한 경복궁, 왕이 직접 계획한 창덕궁, 이처럼 경복궁과 창덕궁은 태생부터 성격이 다르며 이는 공간 구성에서도 드러납니다. 경복궁이 모눈종이 위에 자로 잰 듯이 반듯반듯한 구성을 하고 있다면 창덕궁은 자연적인 지형을 따라 유기적으로 계획되었습니다. 경복궁이 평탄한 지형에 자리 잡아 남북축의 명확한 축선을 적용할 수 있었던 반면, 창덕궁은 응봉 아래 동서 방향의 완만한 경사 지형에 자리 잡았기 때문입니다. 또한 경복궁은 신하이자 유학자인 정도전의 입장에서 계획되었기 때문에 궁역과 궐역의 구분이 명확하고, 궐역이 훨씬 더 발달한 측면이 있습니다. 그런데 창덕궁은 이방원 자신이 직접 계획했기

---

1) 임금이 거처하는 곳을 옮김

때문에 명확한 유교적 질서보다는 생활의 편의가 우선이었을 것입니다. 그래서 경복궁처럼 궁역과 궐역의 구분도 명확하지 않고 왕실의 생활 공간인 궁역이 더 크게 발달한 것이 특징입니다. 특히 왕실 가족의 생활 공간이자 왕의 사냥터인 후원이 넓고 아름다웠습니다. 흔히 '비원'으로 알려진 곳인데, 사실 비원이라는 명칭은 일제 강점기에 쓰이던 말이었고 본래는 '금원' 혹은 '상림원' 등으로 불렸습니다.

조선의 개국 초기 정도전에 의해 경복궁이, 이방원에 의해 창덕궁이 10년 간격으로 나란히 지어졌다는 것은 조선 왕조 500년 동안 지속되었던 임금과 신하의 관계를 상징적으로 보여 준다고 하겠습니다. 조선의 왕은 무엇이든 제 마음대로 할 수 있었던 것 같지만, 실제로는 왕권보다 신권신하의 권력이 더 강할 때도 많았습니다. 어찌 보면 500년 내내 왕권과 신권은 서로 대립했다고도 볼 수 있는데, 이런 세력 다툼이 경복궁과 창덕궁 건축으로 드러난다고 할 수 있습니다. 그렇다면 창덕궁에는 어떤 전각들이 있었을까요?

## 창덕궁의 구성

앞서 궁궐에는 담장을 두른 후 동서남북 네 방향으로 궁성

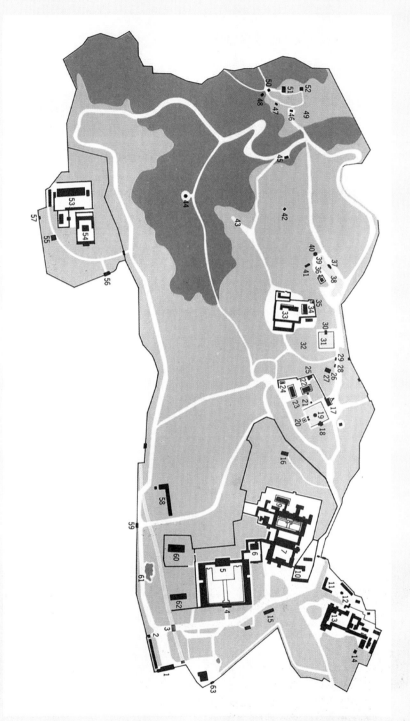

▲ 창덕궁의 전체적인 배치도

문을 낸다고 했는데, 창덕궁도 그에 맞추어 지어졌습니다. 우선, 정문에 해당하는 것이 남쪽으로 난 돈화문인데, 다섯 칸으로 되어 있어 상당히 규모가 큽니다. 그리고 동쪽으로 단봉문, 서쪽으로 금호문, 북쪽으로 건무문을 두었습니다. 또한 삼문의 원칙에 따라 정문인 돈화문을 지나면 진선문이 나오고 그다음 인정문이 나옵니다. 물론 정문인 돈화문과 진선문 사이에 경계를 구분한다는 의미에서 금천과 그것을 건너는 다리인 금천교를 두었고요. 인정문을 지나면 삼조의 구성에 따라 정전正殿인 인정전, 편전인 선정전, 침전인 대조전이 있었습니다. 앞서 경복궁 편에서 말한 대로 정전인 인정전은 조례를 비롯하여 왕의 즉위식, 왕세자의 책봉식과 혼례식 등 큰 행사가 이루어지던

▼ 돈화문

곳이었고, 편전인 선정전은 왕과 신하가 모여 일상적인 업무를 보던 곳이었습니다. 그리고 침전인 대조전은 왕과 왕비가 잠을 자고 휴식을 취하는 곳이었습니다. 대조전은 가운데 큰 대청마루가 있고 양옆으로 온돌방이 있었는데 동쪽에는 동온돌, 서쪽에는 서온돌을 두었습니다. 이때 왕은 동온돌에서, 왕비는 서온돌에서 생활했습니다. 이처럼 삼문삼조의 원칙에 따라 지어지기는 했지만 실제 사용은 시대와 편의에 따라 조금씩 달라지기도 했습니다.

정전은 인정전이었지만 조선 초기만 해도 큰 행사는 경복궁 근정전에서 개최할 때가 많았고 중국 사신이 오면 연회도 경복궁 경회루에서 베풀곤 했습니다. 창덕궁을 새로 지었다 해도

▼ 인정전

이는 으뜸인 경복궁을 제외한 두 번째 궁궐이라는 의미가 강했고, 정궁正宮은 엄연히 경복궁이라는 생각을 하고 있었기 때문입니다.

한편, 임금이 평상시에 거처하는 공간을 뜻하는 편전인 선정전에서 업무를 볼 때도 있었지만, 조선 후기가 되면 선정전 동쪽에 있는 희정당이라는 전각이 실질적인 편전의 역할을 했습니다. 또한 이곳은 임금이 잠을 자는 침전 역할도 했습니다. 앞서 ○○전은 임금이 머무는 곳에 붙는 명칭이고 ○○당은 그 아래 세자나 후궁 등이 생활하는 곳으로 한 단계 격이 낮다고 했습니다. 그런데 창덕궁은 이러한 원칙에도 조금 어긋나서 희정당이 편전과 침전 역할을 합니다. 이렇듯 원리원칙보다는 그때그때의 편의에 따라 사용한 것이 창덕궁의 특징이기도 합니다.

왕과 왕비의 침전은 대조전이며, 왕은 동온돌, 왕비는 서온돌을 사용한다고 했지만, 실제 사용은 원칙과 조금 달랐습니다. 대조전은 왕비의 생활 공간이자 업무 공간이기도 했습니다. 왕비는 모든 왕실 여성의 수장이었기 때문에 그에 따른 업무도 많았으므로, 왕비를 보필하기 위한 궁녀와 상궁의 처소도 대조전 근처에 있었습니다. 그래서 대조전 옆에는 홍복헌과 청향각, 융경헌과 경훈각을 비롯한 많은 전각이 서로 연결되어 있었고, 곳곳에 상궁과 궁녀들이 있었습니다. 대조전은 거대한 왕비의 영역이었기 때문에 왕의 입장에서는 조금 불편했을 수

▲ 희정당

도 있습니다. 경복궁에서 왕의 침전은 강녕전, 왕비의 침전은 교태전으로 나뉘어 있었듯, 창덕궁에서는 희정당이 왕의 침전, 대조전이 왕비의 침전으로 사용되었습니다. 그 때문인지 희정당은 창덕궁 내에서 유일하게 청기와가 사용되었습니다. 이는 기와 표면에 푸른색 유약을 발라 구운 것으로, 짙은 회색 기와를 덮은 다른 전각과는 다르게 푸른빛 지붕이 돋보입니다. 현재 희정당은 순종 황제 시절이던 1920년 중건되면서 내부는 유럽식으로 꾸며졌습니다. 붉은 카펫이 깔리고 서양식 가구와 침대가 놓이는 등 이채로운 모습을 보여 줍니다.

이와 같이 창덕궁도 인정전-선정전-대조전으로 이어지는 삼조의 구성을 하고 있지만, 경복궁의 삼조가 남북 방향의 명확한 축선을 갖는다면 창덕궁의 삼조는 지형에 따라 주로 동서 방향의 축선을 갖고 있습니다. 삼문삼조 다음으로 중요한 것이 세자의 거처인 동궁입니다. 동궁 영역에는 세자의 업무 공간이던 중희당과 별당이던 유덕당이 있었습니다. 그리고 공부를 하던 승화루, 서적을 보관하던 문화각, 휴식을 취하던 정자인 삼삼와가 있었습니다. 아울러 세자와 세자빈이 생활하던 연영합이 있었죠. 특히 연영합은 순조의 아들이던 효명세자가 생활하던 곳인데, 특이하게도 단청이 칠해져 있지 않아 일반 사대부가와 비슷한 느낌을 줍니다. 앞서 단청을 하지 않은 건물이 경복궁에도 있었다는 것을 기억할 것입니다. 바로 건청궁입니다. 조선 후기인 19세기가 되면 궁궐 내에 단청을 하지 않아 소박하고 수수한 집이 더러 지어집니다. 왕이나 왕세자라 할지라도 지나친 격식을 버리고 일반 양반가처럼 소박하게 살고자 했던 당시의 의식 변화로 해석할 수 있습니다. 연영합, 건청궁 모두 19세기에 지어진 건물입니다. 이 시기 조선에서는 자생적인 근대화 바람이 불기 시작하는데, 바로 그러한 변화를 보여 준다고 하겠습니다. 하지만 아쉽게도 연영합을 비롯한 세자의 동궁 영역은 전각이 남아 있지 않습니다. 또한 동쪽 뒤편으로는 대비의 거처인 수정전이 있었는데, 이 또한 지금 남아 있지 않습니다.

▲ 동궐도

　경복궁이든 창덕궁이든 궁궐 관람을 해 보면 넓은 잔디밭 위에 전각들이 띄엄띄엄 자리 잡은 것을 볼 수 있습니다. 하지만 조선 시대 궁궐의 본래 모습은 이렇지 않았습니다. 크고 작은 전각과 건물들이 촘촘하게 들어차 있었지만 일제 강점기에 헐린 것이 많습니다. 창덕궁의 본래 모습은 '동궐도'라는 그림에 선명하게 남아 있습니다. 이는 동궐이라 불렸던 창덕궁과 창경궁의 모습을 건물의 조감도를 보는 듯한 사실적 형태로 섬세하게 그린 그림입니다. 조선 후기인 1826~1830년 사이에 그려진 것으로 보이는데, 매우 사실적인 기법으로 꼼꼼하게 그려

▲ 낙선재

져 있습니다. 지금 남아 있는 전각들과 동궐도의 그림이 정확
히 일치하여 마치 궁궐 전체의 설계도면을 보는 것 같습니다.
일제 강점기에 헐린 전각도 옛 모습 그대로 다시 짓는 것이 가
능할 정도입니다. 이러한 가치로 인해 창덕궁은 1997년 유네
스코 세계문화유산으로 등재될 수 있었습니다. 경복궁은 비교
적 후대에 속하는 1868년에 중건된 것이라 조선 초기에 지어진
본래 모습을 간직하고 있다고 보기는 힘듭니다. 그에 비해 창
덕궁은 임진왜란 이후 지어진 당시의 모습이 비교적 많이 남아
있습니다.

▲ 석복헌

　한편, 조선 후기 궁궐 내에 단청을 하지 않은 건물이 또 하
나 지어지니 바로 낙선재입니다. 낙선재는 본래 1847년 헌종
이 자신의 서재로 사용하기 위해 지었습니다. 그리고 이듬해인
1848년에는 새로 맞이한 후궁 경빈 김씨를 위해 낙선재와 서로
연결하여 석복헌을 지었습니다. 왕의 서재와 후궁의 처소가 나
란히 맞붙어 있었으니 알콩달콩 재미있는 일이 있지 않았을까
요? 사실 헌종은 1834년 8세의 어린 나이로 즉위했습니다. 그
래서 처음에는 할머니인 순원왕후가 수렴청정을 하다가 15세
가 되는 1841년에야 친정을 할 수 있었습니다. 하지만 그때까

지도 여전히 할머니의 그늘이 컸는지도 모르겠습니다. 21세가 되는 1847년에 서재인 낙선재를 짓고 이듬해에 후궁의 처소인 석복헌을 지었다는 것은, 할머니의 그늘에서 벗어나고자 했던 헌종의 마음으로 이해할 수 있습니다. 이는 어쩐지 고종이 아버지의 그늘에서 벗어나 20대 초반 친정을 시작하면서 경복궁 내에 다시 건청궁을 지은 것과 비슷해 보입니다. 헌종 역시 그와 비슷한 21~22세의 나이였으니까요. 낙선재와 석복헌은 19세기에 지어진 전각이자 단청을 하지 않았다는 공통점이 있습니다.

효명세자와 세자빈이 살던 연영합1819년 지어진 것으로 추정, 헌종과 경빈 김씨가 살던 낙선재와 석복헌1847, 1848년 건축, 고종과 명성황후가 살던 건청궁1873년 건축의 공통점은 20대 초반의 왕혹은 왕세자이 자신의 부인혹은 후궁과 살기 위해 지은 전각이자, 궁궐 내에 지어졌지만 단청을 하지 않았다는 것입니다. 모두 19세기에 지어져 당시 변화하는 시대상을 엿볼 수 있는데, 애석하게도 이곳에서 세 커플이 보냈던 행복한 시간은 그리 길지 못했습니다. 효명세자는 22세에 사망하고 헌종 역시 23세로 승하했기 때문입니다. 고종과 명성황후 역시 비극으로 끝났습니다. 이후 낙선재와 석복헌은 한동안 비어 있다가 1926년 순종의 아내인 순정효황후가 머물기 시작했습니다. 해방 후에는 1962년 조선의 마지막 왕세자인 영친왕과 그의 아내인 이방자 여사,

그리고 마지막 옹주인 덕혜옹주가 귀국하여 생활했습니다. 덕혜옹주는 1989년까지 살다가 숨을 거두었으니 창덕궁이 가장 마지막까지 왕궁의 역할을 한 셈입니다.

## 창덕궁의 후원

창덕궁 뒤편으로는 너른 후원이 마련되어 있었습니다. 응봉 아래 뻗어 내린 구릉지에 완만하게 자리 잡은 곳으로 전체 면적이 30만 제곱미터에 이르는데 창덕궁 전체 면적의 2/3에 해당합니다. 경복궁의 후원이 상대적으로 작았던 것과 비교해 볼 때 창덕궁만의 또 다른 특징이라 하겠습니다. 이렇게 넓다 보니 지형에 따라 크고 작은 연못이 있고 곳곳에 100여 채 이상의 누각과 정자가 있었습니다. 하지만 이 역시 일제 강점기와 한국전쟁을 거치며 많이 소실되어 현재 누각 18채, 정자 22채 정도가 남아 있습니다.

대부분의 누각과 정자는 규모가 크지 않고 수수한 편인데, 임금이 행차 도중 잠시 쉬는 용도로 사용했기 때문입니다. 또한 후원에는 왕과 왕비가 직접 농사를 짓고 누에를 기르는 양잠 장소도 있었습니다. 농업 국가인 조선에서 농업은 가장 중요한 일이어서 왕은 백성들에게 모범을 보이기 위해 직접 농사

▼ 부용지와 부용정

▲ 주합루

▲ 어수문

를 지어야 했는데 이를 '친경'이라고 했습니다. 또한 농사가 남자의 일이라면 옷감을 짜는 일은 여자의 일이어서 왕비가 이 일을 해야 했습니다. 태종은 창덕궁을 짓고 난 뒤 곧바로 후원에 뽕나무를 심어서 왕비와 후궁들이 직접 누에고치를 길러 실을 잣게 했습니다. 만백성의 어버이로서 근면한 모습을 보여주기 위해서였습니다. 이처럼 여러 용도로 사용되던 후원이어서 군데군데 휴식 공간으로 지은 정자와 명소가 정말 많지만, 그중 대표적인 곳을 뽑자면 부용지와 애련지 근처일 것입니다.

지금도 후원 관람을 할 때 가장 먼저 보게 되는 곳이 부용지라는 커다란 연못입니다. 부용은 무궁화와 비슷한 꽃으로, 꽃이 크고 아름다워 예로부터 정원에 많이 심었습니다. 이 꽃 이름을 딴 부용지에는 부용정이라고 하는 정자가 땅과 연못에 반쯤 걸친 형태로 지어져 있습니다. 그리고 부용정의 맞은편에 정조 임금은 1776년 '주합루'라고 하는 2층의 큰 누각을 지었습니다. 본래 누각은 2층 건물을 말하는데, 앞서 언급했듯이 2층은 ○○루, 1층은 ○○각이라고 합니다. 따라서 이 누각도 2층은 주합루라 했고 1층은 규장각이라 했습니다.

정조가 세운 규장각은 학문을 연구하고 임금을 보필하는 직속 기관으로, 세종의 집현전과 비슷합니다. 정조가 규장각을 설치한 이유는 당시 만연했던 붕당정치를 철폐하고 왕권을 강화하기 위해서였습니다. 흔히 정조의 업적으로 거론되는 것이 장용영, 규장각의 설치입니다. 이 중 장용영이 왕의 친위부대로서 무관으로 구성되어 있었다면, 규장각은 문관이 주가 되는 기관이었습니다. 바로 이 규장각이 창덕궁 후원 부용지에 설치되어 있었는데, 부용지에서 규장각으로 오르자면 어수문을 지나야 했습니다. 어수는 물고기와 물을 뜻하는데, 여기서 물고기는 신하, 물은 임금을 상징합니다. 물고기가 물을 떠나 살 수 없듯, 규장각 안에서 임금과 신하가 함께 어울려 보자는 뜻으로 지은 이름입니다. 규장각 옆에는 책을 관리하는 서향각, 과거 시험이 치러지던 영화당, 춘당대가 있었습니다. 부용지 위에 날아갈 듯이 서 있는 누각, 주합루와 규장각은 후원 내에서도 가장 빼어난 아름다움을 자랑합니다.

▼ 애련지와 애련정

부용지에서 더 뒤편으로 가면 애련지라는 연못이 있습니다. 연못에 연꽃을 많이 심어서 '애련지'라고 불렀는데 1692년 숙종 임금은 이곳에 '애련정'이라고 하는 정자를 지었습니다. 그리고 애련지 주변에는 '연경당'이라는 집이 있었습니다. 1828년 순조 임금 때에 지어진 것으로 후원에서 연회를 베풀 때 사용하던 곳입니다. 이 또한 단청이 되어 있지 않아 마치 사대부가와도 같은 인상을 줍니다. 우리나라 전통 건축에서는 사찰이나 궁궐 건축을 할 때, 서까래에 오색단청을 칠했지만 민가에서는 사치를 금하기 위해 단청을 금지했습니다. 그런데 이 연경당은 궁궐 안에 있는 건물이면서도 단청을 하지 않았지요.

앞서 19세기가 되면 궁궐 내에도 단청을 하지 않은 전각이 지어진다고 했는데, 연경당도 마찬가지입니다. 순조는 연경당에 올 때는 거추장스러운 용포를 벗고 사대부와 다를 바 없는 평상복을 입고 왔다고 하니, 아마 궁중 생활에서 벗어나 편안히 쉬는 용도로 사용되었으리라 추정해 봅니다. 연경당 옆에는 서재인 선향재, 정자인 농수정이 있었습니다.

여기서 더 뒤편으로 들어가면 한반도 모습을 한 연못인 반도지와 관람정이 있었습니다. 그리고 후원 북쪽 가장 깊숙한 곳에는 바위와 폭포로 이루어진 옥류천도 있었습니다. 창덕궁 후원에는 곳곳에 아름다운 절경이 많았습니다. 그리고 창덕궁 옆에는 또 하나의 궁궐인 창경궁이 있었습니다. 창덕궁과 나란

▼ 관람정

▲ 연경당

히 맞붙어 있던 창경궁은 어떤 곳이었을까요?

## 창경궁

본래 이곳은 조선의 건국 초기 수강궁이 있던 자리였습니다. 3대 임금인 태종 이방원이 아들인 세종에게 임금의 자리를 물려주고 난 뒤 자신이 머물기 위한 거처로서 1418년에 지은 궁이었습니다. 그러다가 60여 년의 세월이 지난 1484년 9대 임금인 성종이 할머니인 정희왕후, 어머니인 소혜왕후, 작은어머니인 안순왕후 등 세 명의 대비가 거처하기 위한 궁궐로 새롭게 조성한 것이 창경궁입니다.

사실 창덕궁에 대비를 위한 수정전이 마련되어 있었는데, 아예 궁궐을 하나 따로 지었다는 것은 조금 이례적인 일입니다. 이는 당시의 정치 상황을 살펴보아야 합니다. 본래 성종은 어린 시절에는 왕세자로 책봉되지도 않았고 궁궐 밖 사가에서 살다가 12세의 어린 나이에 갑자기 왕이 되었습니다. 이렇게 된 데는 할머니인 정희왕후의 역할이 컸고, 즉위 후에도 나이가 어렸던 탓에 정희왕후가 7년간의 수렴청정을 했습니다. 이후 19세가 되는 1476년에야 친정을 하게 되는데, 그 후에 창경궁을 따로 지어 할머니, 어머니, 작은어머니를 그곳에서 지내게 합니다. 앞서 어린 나이에 왕위에 올라 수렴청정을 받던 왕이 몇 년이 지나 친정을 하면서 자신을 위한 궁궐을 따로 짓는 경우를 살펴보았습니다. 고종이 건청궁을 지었고 헌종이 낙선재를 지은 것처럼요. 그런데 성종은 할머니인 정희왕후 외에도 어머니인 소혜왕후, 작은어머니인 안순왕후 등 대비가 세 명이나 되었습니다. 친정을 하면서 할머니와 어머니의 그늘에서 벗어나고자 아예 궁궐을 새로 지어 세 명의 대비를 따로 모신 것이라 볼 수 있습니다.

어찌 보면 창경궁은 처음부터 이러한 성격으로 사용된지도 모릅니다. 처음 터를 잡을 때부터 상왕이던 태종의 수강궁으로 시작했고, 성종 때 대비를 위한 궁으로 지어졌으니까요. 이후

▲ 옥천과 옥천교

조선 후기에는 정조가 어머니 혜경궁 홍씨를 위한 자경전을 아버지인 사도세자의 추모 공간이라 할 수 있는 경모궁을 향하도록 짓기도 했습니다. 이렇듯 창경궁은 주로 아버지나 어머니, 할머니를 위해 지어졌던 까닭에 창덕궁을 보조하는 역할에 가까웠습니다. 그래서 전각의 배치에서도 『주례』-「고공기」에 나오는 격식에는 잘 들어맞지 않습니다.

우선, 창경궁의 정문은 홍화문인데, 남향이 아닌 동향입니다. 이는 창경궁이 자리 잡은 지형 자체가 동서 방향으로 길게 뻗어 있기 때문인데, 그래서 그런지 창경궁에는 남향보다 동향을 한 전각들이 많습니다. 홍화문을 열고 들어오면 궁궐 앞을 흐르는 개천인 옥천을 만나게 되고, 옥천교를 건너면 명정문이 나옵니다. 그리고 정전에 해당하는 명정전, 편전인 문정전, 왕의 침전인 환경전, 왕비의 침전인 통명전, 대비전인 경춘전 등이 있었습니다. 본래 궁궐은 삼문삼조의 구성인데, 여기서는 세 개의 문 대신 홍화문을 거쳐 명정문을 지나면 바로 명정전이 있는 등 이二문 형식으로 되어 있습니다. 이처럼 격식에 맞지 않는 면도 있고, 동향의 전각들이 많아서 궁궐을 지었던 성종조차도 "창경궁은 동향의 전각이 많아서 정치를 하기에 적당치 않다."라는 말을 했습니다. 다시 말해 창덕궁을 보좌하는 별궁의 역할을 한 것입니다.

또한 창경궁은 유난히 비극적인 사건이 많이 일어났던 곳이기도 한데, 우선 숙종 때의 장희빈 사건이 있었습니다. 당시 장희빈은 정1품 빈이어서 취선당에 거처했고 인현왕후 민씨는 중전이어서 통명전에 있었습니다. 그런데 장희빈이 인현왕후를 저주하기 위해 밤에 몰래 통명전 여기저기에 각시인형, 죽은 새와 쥐 등을 파묻곤 했습니다. 그뿐만 아니라 취선당 근처에 굿당을 몰래 차려 놓고 밤마다 인현왕후의 초상화에 활을 쏘는 일까지 벌입니다. 이 일이 들통나서 장희빈은 숙종이 내린 사약을 받게 되는데, 그 장소가 바로 취선당 앞입니다.

숙종의 아들이던 영조는 사도세자를 뒤주 속에 가두어 죽인 것으로 유명합니다. 그 비극이 일어난 장소가 바로 문정전 앞이었으며, 당시에는 '휘령전'이라고 불리던 곳이었습니다. 그때 아버지를 살려 달라고 할아버지 앞에서 엎드려 울던 세손은 이후 정조 임금으로 즉위합니다. 그리고 어머니인 혜경궁 홍씨를 위해 자경전을 짓고 아버지인 사도세자를 위해 경모궁을 지었습니다.

창경궁에서 일어난 비극 중 가장 큰 비극은 일제 강점기였던 20세기 초반에 일어났습니다. 일본은 조선의 궁궐이던 창경궁에 동물원과 식물원, 박물관을 설치하여 한낱 놀이공원으로 만들어 버렸습니다. 동물원과 식물원, 박물관을 짓기 위해 창경궁의 전각 대부분은 헐려야 했습니다. 이 일은 1908~1909년 사이에 진행되었는데, 당시는 순종 황제가 창덕궁에 있을 때였

▲ 통명전

습니다. 조선의 마지막 임금이던 순종은 궁궐이 헐려 동물원으로 바뀌는 과정을 지켜보아야 했고, 1911년에는 아예 이름마저 창경원으로 바뀌어 버렸습니다.

이뿐만 아닙니다. 조선의 궁궐은 넓은 후원을 갖는 것이 특징인데, 창경궁도 후원이 있었습니다. 지형·지세에 맞추어 뒤쪽이 아닌 홍화문 앞쪽에 조성했고 1493년 성종은 '함춘원'이라는 이름도 지었습니다. '봄을 머금은 정원'이라는 뜻입니다. 하지만 이미 창경궁도 훼손된 마당에 함춘원이 무사할 리가 없었습니다. 20세기 초반 일제는 경성제국대학 의과대학을 설립하

▲ 경모궁

는데, 그 건물을 함춘원 내에 지으면서 함춘원도 이리저리 쪼
개졌습니다. 지금 이 자리에는 서울대학교 의과대학 캠퍼스와
대학병원이 있습니다. 서울대학교병원에는 어쩐지 경사 지형
이 많은데, 본래 창경궁 후원이 경사지에 조성된 정원이었기
때문입니다. 이처럼 후원이 의과대학 부지로 활용되는 바람에
사도세자의 추모 공간이던 경모궁은 헐려 나갔고, 현재 그 정
문과 기단만이 의과대학 캠퍼스 안에 남아 있습니다.

함춘원은 지금 흔적조차 없이 사라졌습니다. 위치는 현재
서울대학교 의대 캠퍼스와 주변 지역인 대학로 일대였을 것으

로 추정됩니다. 일제는 이 자리에 의과대학만 지은 것이 아니라 법과대학도 설립했는데, 그곳이 현재의 대학로 마로니에 공원입니다. 기록에 의하면 본래 함춘원은 그 경계가 한양도성 성곽까지였다고 합니다. 이처럼 궁궐 자체는 동물원이 되고 후원은 이름만 남긴 채 사라진 창경궁은 일제 강점기에 가장 큰 피해를 보았던 곳입니다.

창경궁은 해방 후에도 계속 놀이공원으로 사용되다 1980년대 동물원을 과천의 서울대공원으로 이전하고 1983~1986년까지 복원 공사를 통해 창경궁이라는 이름을 되찾았습니다. 조선의 정궁은 경복궁이었지만 실제 왕들이 오래 머물렀던 곳은 동궐인 창덕궁과 창경궁이었습니다. 두 궁궐 자체도 아름다웠지만 넓은 후원은 정말 빼어났습니다. 그중에서 아쉽게도 창경궁의 후원인 함춘원은 사라져 버렸지만, 현재 대학로가 되어 서울 시민들의 사랑을 받는 장소로 이용되고 있습니다.

Chapter

5

······

루브르
궁전

해마다 방학이나 휴가 때가 되면 많은 사람들이 해외여행을 가장 가고 싶어 합니다. 그렇다면 어느 나라로 여행을 가고 싶은가요? 프랑스 파리는 인기 있는 여행지 1~2위를 다투는 도시입니다. 파리는 유럽에서 가장 우아하고 낭만적인 도시이자, 세련되고 화려한 도시이기도 하니까요. 그중에서도 특히 화려한 곳으로 루브르 미술관과 베르사유 미술관을 뽑을 수 있습니다. 지금은 이곳이 모두 미술관이 되었지만 본래는 왕들이 살던 궁전이었습니다. 그렇다면 파리와 루브르는 과연 어떤 곳일까요?

## 센강의 시테섬

　지금 우리나라의 서울은 강남과 강북이 합쳐진 매우 넓은 영역이지만, 조선 시대에는 사대문 안 구역이 한양이었습니다. 파리도 마찬가지여서 본래는 아주 작은 지역이었습니다. 최초의 파리는 지금 노트르담 성당이 있는 센강 한가운데의 시테섬이었습니다. 서울에 한강이 있다면 파리에는 센강이 있는데, 이 센강 한가운데에 시테섬이라는 조그만 섬이 있었습니다. 본래 큰 강에는 지형 조건상 퇴적물이 쌓여서 섬이 생기는 경우가 많습니다. 서울 한강에 여의도가 있고 뉴욕 허드슨강에 맨해튼섬이 있듯이, 센강에도 섬이 있었던 것입니다. 최초의 파

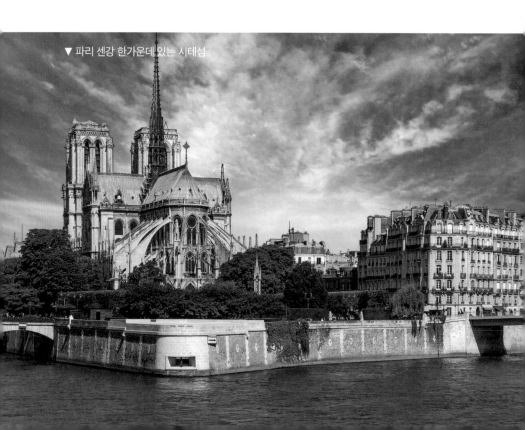

▼ 파리 센강 한가운데 있는 시테섬

리는 이곳에서 시작되었고, 말 그대로 '도시city'라는 뜻의 '시테cite'라 불렸습니다. 3~4세기경에는 이곳에 성곽을 두르고 왕궁도 지었습니다.

　중세 유럽은 지금의 독일이나 프랑스와 같은 나라가 아닌 크고 작은 왕국으로 존재했다고 말한 바 있습니다. 그때는 국경선도 명확하지 않아 이민족과 이웃 왕국의 침입이 잦았는데, 시테 역시 이러한 시기에 지어진 일종의 성채도시였죠. 중세의 성채들은 방어를 위해 연못이나 해자, 도랑을 이용한다고 했지요? 센강 한가운데 있던 시테섬은 천혜의 요새였을 것이고, 바로 여기서 파리가 시작되었습니다.

　중세 도시에서 가장 중요한 것이 왕궁과 성당인데, 시테섬

에는 최초의 왕궁이라 할 수 있는 시테 궁전이 있었습니다. 그리고 시테 궁전보다 더 유명한 것은 1163년부터 짓기 시작하여 꾸준한 증축을 통해 1330년에 완공된 노트르담 성당이었습니다. 시테 궁전과 노트르담 성당을 중심으로 왕과 기사들이 천년 가까이 이곳에서 살았습니다. 3~4세기부터 14세기까지 오랫동안 중세 시대가 지속된 것입니다. 그러다가 14세기가 되면서 점차 평화가 찾아옵니다. 더 이상 예전처럼 좁은 성채에서 살 필요가 없어지고 좀 더 널찍한 곳에 새로 지은 왕궁이 필요해집니다.

1364년 샤를 5세는 시테섬을 벗어나 센강 건너편에 루브르 궁전을 지어 옮겨 갑니다. 물론 지금의 루브르와 비교해 보면 무척 작은 규모였지만 그것이 최초의 루브르 궁전이었습니다. 설계는 왕실에 소속된 건축가였던 레이몽 뒤 탕플Raymond du Temple이 담당했습니다. 초기에는 성탑과 성벽, 해자 등 아직까지 중세적인 요소가 많이 남아 있었습니다. 그러다가 16세기 프랑수아 1세1515~1547 재위 시절에 대대적으로 수리와 증축을 하게 됩니다. 그 기간도 길어서 1546년부터 1578년까지 대략 30여 년에 걸쳐서 공사가 진행되었습니다. 이렇게 오랜 기간 증개축을 했다는 것은 루브르 궁전에 무언가 중대한 변화가 생겼다는 뜻입니다. 실제로 이 시기부터 프랑스 왕실은 더 이상 지방을 순회하지 않고 파리 한 곳에서만 머물기 시작합니다.

앞서 우리나라도 고려 시대에는 수도인 개경 외에 서경, 동경, 남경을 두어 1년에 몇 달씩 왕이 머물렀다고 했습니다. 프랑스도 사정이 비슷해서 왕이 파리보다는 지방인 루아르, 퐁텐블로 등에서 머물렀습니다. 이민족의 침입이 잦았고 왕권도 미약했기 때문입니다. 그러다가 14세기 들어서야 이민족의 침입이 사라지고 왕권이 안정되면서 수도인 파리로 돌아와 정착하게 된 것입니다. 이에 오래전에 지어져 중세의 성채와 비슷했던 루브르 궁전이 좁고 불편하게 느껴졌고, 30여 년간 대대적인 증개축을 한 것이죠. 마치 이성계가 조선을 건국한 뒤 수도를 한양 단 한 곳으로 정하고 곧바로 경복궁을 새로 지은 것과 비슷합니다. 그런데 조선의 궁궐은 1~2년 안에 금세 짓는데 프랑스는 30년 동안이나 궁전을 지었다니 조금 의아할 수 있습니다. 이것이 유럽과 우리나라 전통 건축의 차이점입니다. 중국이나 한국, 일본 등 아시아의 전통 건축은 나무로 뼈대를 짜 올리는 목조 건축입니다. 나무 기둥을 세우고 용마루[1]와 대들보로 지붕을 엮어 짓기 때문에 단기간에 빨리 지을 수 있지만 화재에 취약합니다. 그래서 전쟁이나 실수로 불이 나면 다시 중건하는 역사가 반복되었습니다. 하지만 유럽의 궁전은 돌을 쌓아 올려 만들기 때문에 궁전을 짓는 데 시간은 오래 걸리지만

---

1) 지붕 가운데 부분에 가장 높은 수평으로 놓인 둥근 기둥

화재로 불타 없어지는 경우는 거의 없습니다. 또, 한 번 지었던 건물을 부수고 새로 짓자면 시간과 돈이 많이 들기 때문에 오랜 시간이 지나 낡았다 하더라도 헐고 새로 짓는 대신 수리와 증축을 하는 경우가 더 많습니다.

이후에도 루브르 궁전은 몇 번의 증개축을 통하여 현재에 이르고 있기 때문에, 1364년에 처음 지어진 모습 그대로 남아 있지는 않습니다. 당연한 일이기도 합니다. 800여 년 전에 지어졌던 건물이 온전히 남아 있기는 어렵고 시대가 변하면 그때그때 상황에 맞추어 다시 지어야 하니까요. 이후 루브르 궁전은 앙리 4세와 루이 13세 시절에 다시 한번 대대적인 증개축을 했는데, 이때 지금의 모습 대부분이 완성되었다고 볼 수 있습니다. 앙리 4세는 부르봉 왕조의 첫 국왕이었기 때문에, 루브르 궁전은 곧 부르봉 왕조의 궁전이라고도 할 수 있습니다. 그렇다면 부르봉 왕조란 무엇일까요?

## 부르봉 왕조의 시작

우리나라의 역사는 고구려, 백제, 신라의 삼국 시대에서 통일신라-고려-조선 시대를 거쳐 대한민국으로 이어집니다. 통일신라에서 고려로, 다시 조선으로 왕조가 바뀌면서 나라 이름도 바뀌었습니다. 그런데 프랑스를 비롯한 유럽에서는 왕조가 바뀌어도 나라 이름은 바뀌지 않고 그대로 사용하는 경우가 많습니다. 프랑스 역시 오래전부터 왕조에 상관없이 프랑스라는 이름을 계속 사용해 왔습니다. 그중에서도 부르봉 왕조는 1553년 앙리 4세부터 시작하여 루이 13세, 루이 14세, 루이 15세, 루이 16세1793년 처형까지 240여 년간 이어졌던 왕조입니다. 이 시기 프랑스는 서유럽에서 가장 강력한 왕권을 행사했던, 이른바 절대 왕정 국가였고, 또한 유럽에서 가장 부유한 문화 강대국이기도 했습니다.

그전까지만 해도 유럽의 문화 강대국은 이탈리아였습니다. 13~14세기에 르네상스가 가장 먼저 시작된 곳이 이탈리아였으니까요. 그 후 15세기가 되면 르네상스의 물결이 프랑스에도 전파되고 마침내 16세기에는 프랑스 문화의 세련됨이 이탈리아를 능가합니다. 이런 극적인 변화가 일어나던 시기가 부르봉 왕조의 초창기였으며, 바로 이 시기에 루브르 궁전과 베르사유 궁전이 지어졌습니다. 부르봉 왕조에는 재미있는 점이 있습니다. 이탈리아 피렌체에서 온 두 명의 여성이 결혼을 통해 부르봉 왕조를 새로 열었다는 점입니다.

이탈리아에서는 12세기부터 점차 피렌체, 베네치아와 같은 항구도시가 크게 성장합니다. 앞선 11세기에 십자군 전쟁이 일어나면서 배를 타고 동쪽으로 가는, 이른바 동방항로가 개척되었습니다. 전쟁이 끝난 뒤 동방항로를 따라 무역을 하면서 큰 돈을 번 거상 가문이 등장하여 항구도시가 성장한 것입니다. 거상 가문들이 문화를 후원하면서 르네상스도 일어날 수 있었습니다. 이렇게 부유한 거상 가문 중에서 피렌체에서는 메디치 가문이 가장 유명해서 흔히 메디치 가문을 르네상스의 산실이라고 부르기도 합니다. 1533년 메디치 가문에서 카트린 드 메디치가 프랑스 국왕 앙리 2세와 결혼을 합니다. 당시 왕실의 결혼은 정략결혼이 대부분이었기 때문에 외국의 다른 왕실과 결혼하는 경우가 많았습니다. 본래 메디치 가문은 왕실이 아닌 상인이자 평민이었는데도 카트린이 프랑스 왕실과 결혼을 했다는 것은 메디치 가문이 얼마나 부유했는가를 보여 줍니다. 카트린은 자녀도 많이 낳았는데, 그중 프랑수아 2세, 샤를 9세, 앙리 3세 등 세 명의 아들이 차례로 프랑스 국왕이 됩니다. 그리고 딸인 마르그리트의 남편, 즉 사위가 다시 프랑스 국왕이 되니 그가 앙리 4세입니다. 딸이 아닌 사위가 대를 이어 왕이 되었으니, 혈통이 조금 다르기 때문에 앙리 4세부터 부르봉 왕조라 부릅니다. 그런데 앙리 4세는 얼마 후 마르그리트와의 결혼을 무효로 만들어 버리고 새로 결혼을 합니다. 신부는 이번에도 메디치 가문의 딸인 마리 드 메디치였습니다.

상황이 조금 복잡하지만 정리해 보면, 부르봉 왕조의 첫 국왕인 앙리 4세의 장모는 카트린 드 메디치였고, 두 번째 부인은

▲ 마리 드 메디치와 앙리 4세의 대리 결혼식
(Peter Paul Rubens, <The Wedding by Proxy of Marie de' Medici to King Henry IV>, 1622-1625)

마리 드 메디치였습니다. 메디치 가문에서 두 명의 여성이 시집을 와서 부르봉 왕조를 열었으니 두 여성은 이탈리아의 세련된 르네상스 문화를 프랑스에 전파하는 역할을 했을 것입니다. 실제로 카트린과 마리는 파리에 자신만을 위한 별도의 궁을 짓기도 했습니다. 카트린이 지은 궁은 튈르리 궁전으로 1564년 처음 짓기 시작했는데, 이때 루브르 궁전과 튈르리 궁전은 나란히 맞붙어 있었습니다. 현재 튈르리 궁전은 남아 있지 않고 정원만이 남아서 튈르리 공원이 되었습니다.

한편, 마리가 지었던 궁은 뤽상부르 궁전인데, 1615년 착공하여 1631년 완공되었습니다. 마리는 뤽상부르 궁전을 지을 때 자신이 태어나고 자랐던 피렌체의 피티 궁전과 최대한 비슷하게 지었던 것으로 알려져 있습니다. 두 왕비가 지었던 튈르리 궁전과 뤽상부르 궁전은 세련되고 화려했던 이탈리아 르네상스 문화의 중심지 역할을 했습니다. 앞서 팔라초, 팰리스, 팔레 등은 모두 로마 제국 시절의 팔라티움에서 유래한다고 했습니다. 따라서 카트린과 마리가 지었던 두 궁전은 팔라초나 팔라티움과 비슷했을 것입니다.

유럽의 궁전과 우리의 전통 궁궐을 비교했을 때 가장 큰 차이점은 유럽의 궁전은 건물이 하나의 큰 단일체로 되어 있어 그 안에서 공간 분화가 일어난다는 점입니다. 반면, 우리의 전통 건축은 용도에 따라 서로 다른 '채'로 나뉘어 있습니다. 전통 한

▲ 튈르리 궁전

▲ 뤽상부르 궁전

옥을 한번 생각해 봅시다. 어머니와 아이들이 생활하는 안채, 아버지가 생활하는 사랑채, 하인들이 살고 있는 행랑채 외에도 별채, 아래채, 위채 등 수많은 '채'가 있습니다. 여기서 '채'는 하나의 주택 안에 각각 독립적으로 자리 잡은 건물을 말합니다. 전통 궁궐 역시 이러한 개념이 확장되어 있습니다. 경복궁에는 안채에 해당하는 교태전, 사랑채에 해당하는 근정전과 사정전이 각각 별도의 건물로 지어져 있습니다. 별채에 해당하는 것이 대비를 위한 자경전, 세자를 위한 자선당과 계조당 등이 될 것입니다. 물론 행랑채에 해당하는 수많은 궐내각사도 있었고요. 이렇게 용도에 따라 서로 다른 '채'로 구분되는 것이 전통 한옥과 궁궐의 특징인데, 유럽은 이러한 '채'의 개념이 없어 대개 하나의 커다란 건물로 존재합니다. 그래서 프랑스의 대저택과 궁전도 커다란 단일 건물 안에 모든 방이 다 들어 있습니다.

대신 프랑스의 귀족 주택과 궁전에서 공간을 구분하는 독특한 방식으로 '아파르트망apartment'이라는 것이 있습니다. 이는 비슷한 기능을 하는 방들을 하나로 묶어 놓은 것입니다. 예를 들어, 왕비의 방을 한번 생각해 봅시다. 잠을 자는 침실 외에 드레스룸과 화장실이 필요하며 간단한 아침 식사를 하기 위한 식사실도 침실 옆에 있어야 합니다. 또한 왕비가 귀족 부인들과 함께 이야기를 나누는 방이 필요하고, 시녀들이 대기하면서 머무르는 방도 있어야 할 것입니다. 이러한 방들은 기능상 서로 연관되어 있기 때문에 맞붙어 있어야 합니다. 이와 같이 서로 연관된 기능을 하는 방들이 한데 묶여 있는 것을 아파르트망이라고 합니다. 앞서 말한 왕비의 침실, 드레스룸, 화장실, 식사실, 살롱 및 시녀들의 대기실을 모두 묶어서 '왕비의 아파르트망'이라고 부릅니다. 바로 우리 전통 건축의 안채이자 경복궁의 교태전 영역과 같습니다. 마찬가지로 왕의 침실과 화장실은 물론 식사실, 알현실, 대기실, 서재 등으로 이루어진 공간을 '왕의 아파르트망'이라고 합니다. 이처럼 프랑스의 궁전은 하나의 커다란 건물 안에 여러 개의 아파르트망이 있었습니다. 이는 유럽 궁전의 공통적 특징이기도 합니다.

기능에 따라 공간을 몇 개씩 묶어 놓은 것을 뜻하는 아파르트망은 비단 루브르 궁전에만 있는 것은 아니었습니다. 귀족들의 대저택도 몇 개의 아파르트망으로 나뉘어 있었습니다. 그러다가 1789년 프랑스 대혁명이 일어나 왕정이 종식되고 귀족들도 위협을 느낀 나머지 외국으로 망명을 해 버립니다. 이에 귀족들이 살던 커다란 대저택들은 더 이상 쓸모가 없어졌습니다. 그즈음 프랑스에서는 '부르주아지'라고 불리는 신흥 중산층이 등장하기 시작합니다. 이들은 과거 귀족들이 살던 대저택을 아파르트망별로 부분 임대하여 살기 시작했습니다. 아파르트망의 본래 뜻은 거대한 하나의 건물에서 따로 떼어 낸 부분을 말합니다. 신흥 중산층이 대저택의 한 아파르트망에 들어가 살게 되었고, 나중에는 이들을 대상으로 아예 아파르트망 건물을 따로 신축하기도 했습니다. 이것이 바로 아파트먼트아파트의 시작이라고 볼 수 있습니다. 물론 지금 우리가 살고 있는 아파트는 프랑스의 아파르트망과는 조금 차이가 있지만, 어쨌든 그 용어의 시작은 프랑스의 대저택과 궁전이었습니다.

## 루브르 궁전

프랑수아 1세 시절이던 1546~1578년에 증개축되어 궁전으로서의 면모를 갖춘 루브르 궁전은 이후에도 꾸준히 증개축이 이루어졌습니다. 대략 1678년까지 150여 년간 계속된 증개축을 통해 현재의 모습으로 완공되었습니다. 이 시기는 프랑수아 1세-앙리 3세-앙리 4세-루이 13세-루이 14세까지 모두 다섯 명의 왕이 등극하던 시기이자 중세에서 근대로 전환되던 때였습니다. 국가 체제가 정비되고 왕권이 강화될수록 궁전도 점점 커져야 했기 때문에 다섯 명의 왕은 그때그때 필요에 따라 궁전을 늘려 나갔습니다.

우선, 프랑수아 1세는 중세의 성채와 비슷하던 루브르 궁전을 근대적인 궁전으로 처음 변환시켰습니다. 성탑, 해자, 성벽 등을 모두 철거하고 네모난 중정을 중심으로 사각형의 궁전을 만들었습니다. 이 일을 한 건축가는 피에르 레스코Pierre Lescot였고, 그래서 지금도 루브르 궁전에는 '레스코 윙'이라는 영역이 남아 있습니다. 여기서 '윙'은 날개라는 뜻으로, 긴 복도나 회랑을 의미합니다. 유럽의 왕궁이나 대저택은 흔히 '갤러리'라고 불리는 넓고 긴 복도를 위주로 건물이 지어지기 때문입니다. 피에르 레스코가 안마당을 중심으로 주변에 갤러리를 두었기 때문에 레스코 윙이라고 하는데, 이곳에는 이탈리아 고전주의 건축 양식이 적용되었습니다. 이렇듯 건축가의 이름이 드러나는 것이나 건축 양식으로 '○○주의'가 나타나는 것은 유럽 건축의 특징이기도 합니다.

우리나라 전통 건축에는 이런 경우가 거의 없습니다. 물론 경복궁은 심덕부, 창덕궁은 박자청, 창경궁은 이득재라고 공사를 담당한 사람의 이름이 기록되어 있지만, 실제 그들은 건축가라기보다는 공사 감독에 가까웠습니다. 동아시아에서 건축은 개인의 독창적인 창의성을 드러내는 것보다 이미 『주례』-「고공기」에 기록된 내용대로 충실히 짓는 것이 더 중요했으니까요. 하지만 유럽에서는 일찍부터 건축을 예술의 한 분야로 인식하면서 예술 사조의 영향을 많이 받았고 건축가도 일종의 예술가로 취급받았습니다. 피에르 레스코가 담당한 루브르 궁전도 마찬가지여서 이탈리아 고전주의가 적용되었습니다. 이는 당시 이탈리아에서 먼저 르네상스가 시작되어 이탈리아 건축 양식이 크게 유행했기 때문입니다. 프랑스도 루브르 궁전을 처음 증축할 때는 이탈리아 양식을 모방하는 방식을 취하다가 이후 프랑스만의 독자적인 건축 양식을 구현하기 시작합니다.

이 시기에 알려진 유명한 일화 하나가 있습니다. 루이 14세는 1664년 루브르 궁전의 동익랑[2] 증축 공사를 하기로 결정하고 이탈리아 건축가 잔 로렌초 베르니니<sup>Gian Lorenzo Bernini</sup>에게 이 일을 맡깁니다. 베르니니는 이탈리아, 아니 전 유럽을 통틀어 가장 유명한 건축가이자 이탈리아 고전주의 건축의 계보를 잇는 주자였습니다. 루이 14세는 이렇게 유명한 베르니니에게 루브르 궁전의 설계를 맡겼고 이에 베르니니는 1665년 6월 파리를 방문합니다. 그는 프랑스 왕실의 성대한 환영을 받았지만 어쩐지 설계는 지지부진하다가 결국 1667년 일을 그만두고 이탈리아로 돌아가 버립니다. 소문에 의하면 프랑스의 텃세가 심해서 베르니니가 자기 뜻을 제대로 펼칠 수가 없었다고 하는데, 이는 프랑스의 문화적 자부심이 커지던 시기에 일어난 일이라고 볼 수 있습니다. 당시 프랑스가 이탈리아보다 훨씬 부유해지면서 유럽 문화의 중심이 이탈리아에서 프랑스로 옮겨 가고 있었거든요. 이후 베르니니는 이탈리아로 돌아가 로마 교황청의 산피에트로 광장을 설계합니다. 지금도 로마 교황청을

---

2) ㄷ자 형의 양옆 공간

방문한 사람들이 모이는 바로 그 광장입니다.

한편, 루브르 궁전은 루이 르 보Louis Le Vau, 클로드 페로Claude Perrault라는 프랑스 건축가가 담당하게 되고, 대략 이때쯤 루이 14세는 왕립건축아카데미를 설립합니다. 이는 왕실의 주도하에 세웠던 건축학교로, 루브르 궁전 안에 있었습니다. 이곳에서 중점을 두어 가르쳤던 것은 프랑스 국가 양식이었습니다. 유럽은 건축을 예술의 한 분야로 인식하여 '○○주의'라고 하는 양식을 따르는 것이 중요했는데, 프랑스는 이탈리아 양식을 수입하는 대신 프랑스만의 독자적인 양식을 생산하려고 한 것입니다.

루이 14세는 강력한 왕권을 행사하면서 국가체제를 정비하고 있었습니다. 그러기 위해 루브르 궁전 외에도 법원을 비롯한 여러 관청, 학교, 병원 등 근대 국가에서 필요한 공공시설을 지어야 했습니다. 그렇다면 국가 주도의 공공시설을 어떤 양식으로 지어야 했을까요? 언제까지나 이탈리아 고전주의를 모방하고 있을 수만은 없었습니다. 프랑스만의 독자적인 국가 양식이 있어야 했고, 이를 교육하고 훈련시키는 곳이 바로 왕립건축아카데미였습니다. 이곳에서 프랑스가 확립한 국가 양식을 특별히 '그랜드 매너Grand manner'라고 했는데, 우리말로는 '대규범' 혹은 '위대한 양식'이라 번역할 수 있습니다.

구체적으로 말하자면 ① 중심축과 좌우 대칭의 강조, ② 일

직선의 길고 곧은 복도를 중심으로 양옆으로 방 배치, ③ 화려한 장식의 사용, ④ 쌍기둥의 사용, ⑤ 프랑스 전통 지붕의 채택 등이었습니다. 이 모두를 종합하면 웅장하고 장대한 바로크 양식의 건물이 나오는데, 이렇게 지어진 것이 바로 루브르 궁전이었습니다.

그렇다면 내부에는 어떤 방들이 있었을까요? 아쉽게도 현재 루브르는 내부가 미술관으로 개조되어 옛 모습이 그대로 남아 있지는 않고 루이 14세의 침실이었던 곳만 일부 남아 있습니다. 요즘의 건축은 기능에 따른 동선을 매우 중요하게 생각해서 설계를 할 때에도 이를 중점적으로 다루지만, 예전의 건축은 그렇지 않았습니다. 사용자를 중심으로 그에게 필요한 방 몇 가지를 할당해 놓는 정도였습니다. 아마 루이 14세의 침실, 식사실, 의상실, 화장실, 알현실, 대기실, 시종의 방 등이 한데 모여 왕의 아파르트망을 형성했을 것입니다. 마찬가지로 왕비의 아파르트망도 있었을 것이고요. 또한 무도회장과 연회장, 대식당과 그에 딸린 주방이 또 하나의 아파르트망을 형성했을 것입니다. 아울러 왕실 가족이 미사를 올릴 수 있는 예배당을 비롯하여 수많은 신하와 시녀가 생활하는 곳도 있었겠지요. 이 모두는 루브르라는 하나의 커다란 궁전 안에서 별도의 아파르트망으로 묶여 있었을 것입니다.

루브르는 루이 14세 시절에 증개축을 하여 현재의 모습이

▲ 그랜드 매너, 이른바 대규범 중 하나인 쌍기둥

▲ 그랜드 매너 중 하나인 프랑스 전통 지붕

완성되었지만, 실제 루이 14세가 루브르에서 생활했던 기간은 짧습니다. 곧 베르사유에 새로운 궁전을 지어 나갔으니까요. 루이 14세가 베르사유로 떠나고 난 뒤 루브르는 한동안 버려져 있다시피 했습니다. 다만, 루이 14세가 설립했던 왕실미술아카데미, 왕립건축아카데미 등이 남아서 이들의 작업실로 사용되었습니다. 궁전 자체가 하나의 거대한 아틀리에가 된 것입니다. 그러다가 1776년, 루이 16세 때가 되어 왕실 유물이 분류, 정리, 복원되기 시작했고 다른 나라에서 획득해 온 유물들을 보충해 나가면서 박물관으로서 초석을 다졌습니다. 1789년 프랑스 대혁명이 일어났고, 이후 왕실이 소장하고 있던 미술품은 혁명정부의 소유가 되었습니다. 1793년 8월 10일 537점의 회화를 전시하며 첫 문을 열었는데 전시된 작품은 대부분 몰락한 귀족과 교회에서 징발된 수집품들이었습니다. 이후 루브르 미술관은 지속적인 작품 기증과 구입으로 세계에서 가장 규모가 큰 미술관이 되어 현재에 이르고 있습니다.

▼ 그랜드 매너가 사용된 바로크 양식의 루브르 궁전

Chapter
6

# 베르사유
# 궁젼

오랜 시간에 걸쳐 꾸준히 증개축이 이루어진 루브르 궁전이 완성된 것은 루이 14세 시절인 1660년대였습니다. 하지만 그는 루브르 궁전을 완공하고도 막상 그곳에서는 오래 머물지 않았습니다. 곧바로 베르사유 궁전을 지어 이사를 했으니까요. 이것은 조선 초기 경복궁을 지어 놓고도 곧바로 창덕궁을 지어 이어를 한 것과도 비슷합니다. 그렇다면 루이 14세는 왜 루브르 궁전을 두고 또 베르사유 궁전을 지었던 걸까요?

# 태양왕 루이 14세

태양왕이라는 별명이 붙은 루이 14세는 프랑스 역사를 통틀어 가장 유명한 왕입니다. 그는 부르봉 왕조의 다섯 왕 가운데 재위 기간도 가장 길어서 1643년부터 1715년까지 무려 72년간 왕위에 있었습니다. 이렇게 된 데는 다섯 살이라는 어린 나이에 즉위한 것도 한몫했습니다. 아버지인 루이 13세가 일찍 사망하면서 어린 나이에 왕이 되고 보니 그가 직접 통치할 수 없어 어머니인 안 도트리슈가 섭정을 했습니다. 우리나라에서도 왕이 어릴 경우 대비가 수렴청정했던 것과 비슷합니다.

사실 이 시기 프랑스의 정세는 복잡했습니다. 부르봉 왕조의 시작과 함께 할아버지인 앙리 4세, 아버지인 루이 13세 시절부터 조금씩 왕권이 강화되는 조짐이 보이자 귀족들의 불만도 함께 쌓이고 있었기 때문입니다. 귀족들은 이런 불만을 당시 재상으로서 실권을 쥐고 있던 마자랭의 집에 돌팔매질하는 것으로 드러내기 시작했습니다. 이를 '프롱드의 난'이라고 하는데, 프롱드란 조그만 공깃돌을 던져 새를 잡을 수 있게 만든 것으로 새총과 비슷합니다. 프롱드를 이용해 마자랭의 집 창문에 돌을 던지기 시작했고, 이 일은 1648년에서 1653년까지 5~6년 정도 지속되었습니다. 귀족들이 왕권에 도전하는 시위였고, 그통에 어린 루이 14세는 어머니와 함께 파리를 떠나 지방 도시에 머물다가 1653년에야 간신히 파리로 돌아올 수 있었습니다. 그의 나이 10~15세 무렵의 일이었으니, 이 일은 평생 큰 영향을 끼쳤을 것입니다.

루이 14세는 23세가 되던 때이자 마자랭이 사망한 1661년에야 친정을 할 수 있었습니다. 그리고 이 시기 루브르가 아닌 전혀 새로운 곳에 왕궁을 짓기 시작합니다. 바로 베르사유 궁전이었습니다. 베르사유의 건설은 1661년부터 시작되었으니 루이 14세가 친정을 하면서 가장 먼저 한 일이 베르사유의 신축이라 할 수 있습니다. 지금은 교통이 발달하고 지하철로 서로 연결되어 있어서 흔히 파리 시내 안에 베르사유 궁전이 있다고 생각하기 쉽지만, 파리와 베르사유는 서로 지역이 다릅니

▼ 베르사유 궁전

다. 베르사유는 파리에서 남서쪽으로 22킬로미터 정도 떨어진 곳에 있어서 서울을 기준으로 생각해 보면 과천이나 광명 정도에 해당하는 거리입니다.

본래 이곳은 왕실 사냥터로 사용되던 조용한 숲이어서 루이 13세는 사냥용 별장 삼아 조그만 궁을 하나 지어 놓았습니다. 그런데 루이 14세는 이곳을 대대적으로 확장하여 완전히 새로운 궁전으로 다시 짓습니다. 1661년부터 1678년까지 18년에 걸쳐 진행된 일이었고, 1682년에는 베르사유를 새로운 행정 수도로 선포합니다. 다시 말해 수도를 파리에서 베르사유로 옮긴 것입니다. 그에 따라 모든 귀족은 조상 대대로 살던 파리의 대저택을 떠나 신도시인 베르사유로 이사를 해야 했습니다. 이 일을 단행한 이유는 귀족들의 근거지를 뿌리 뽑아 왕권을 강화하기 위함이었습니다. 말하자면 이성계가 조선을 건국하고 나서 고려 왕족들의 근거지였던 개성을 떠나 한양에 새 수도를 건설한 것과 같은 이유라 하겠습니다.

어린 시절 5~6년이나 파리를 떠나 지방을 전전해야 했던 루이 14세는 파리로 돌아와서도 어머니와 재상 마자랭의 그늘에서 자기 뜻을 마음대로 펼쳐 보지 못했습니다. 그에게 파리와 루브르는 불편하고 답답한 곳이었고, 친정을 하자마자 새로운 수도와 왕궁을 건설한 것도 그 이유 때문일 것입니다. 지금 우리는 베르사유를 궁전으로 알고 있지만, 실제로는 지역명입니다. 그곳은 일종의 신도시이자 행정타운이었고, 한가운데에 궁전이 있었는데 이를 베르사유 궁전이라 부르는 것입니다.

베르사유는 약 90만 제곱미터 정도의 넓은 후원을 가지고 있었고, 후원의 설계는 앙드레 르 노트르Andre Le Notre가 담당했습니다. 본래 이곳은 물기가 많은 습지대여서 배수가 중요했는데, 이를 해결하기 위해 물길을 조성하고 연못과 분수를 만들었습니다. 후원에는 분수가 여러 개 있었지만, 그중 가장 유명한 것은 '라토나 분수'와 '아폴론 분수'입니다. 라토나는 그리스 로마 신화에 나오는 여성으로 주신인 제우스주피터와 사랑하여 달의 여신 아르테미스, 태양신 아폴론을 낳았다고 알려져 있습니다. 루이 14세의 별명이 태양왕이기 때문에 아폴론은 루이

▲ 아폴론 분수

14세를 상징하며, 라토나는 어머니인 안 도트리슈를 상징한다고 볼 수 있습니다. 따라서 라토나 분수는 루이 14세의 소년 시절, 어머니 안 도트리슈가 섭정했던 것을 상징합니다. 실제로 라토나 분수 한구석에는 소년 아폴론의 동상이 있습니다.

한편, '아폴론 분수'에는 네 마리의 말이 끄는 마차를 타고 물 위로 떠 오르는 태양신 아폴론의 동상이 있습니다. 아폴론은 매일 황금마차를 타고 하늘을 한 바퀴 돈다고 되어 있습니다. 이는 아침에 해가 떠서 저녁에 지는 모습을 신화로 해석한 것인데, '아폴론 분수'는 바로 태양이 뜨는 모습을 형상화한 것이자 루이 14세의 모습을 비유한 것입니다. 즉, 두 분수는 어린 시절 섭정을 했다가 성년이 되어 친정을 하게 되는 과정을 상징적으로 보여 준다고 하겠습니다. 이렇게 베르사유 궁전은 곳곳에 루이 14세의 절대 권력을 드러내는 비유로 가득합니다.

베르사유의 정원은 마치 종이 위에 자를 대고 그린 듯이 반듯반듯한 기하학적 형태를 하고 있습니다. 그러기 위해 나무도 가지치기를 하여 예쁘고 단정하게 다듬었는데, 이는 영국 정원과 구분되는 프랑스 정원만의 원칙입니다. 영국식 정원은 꾸미지 않은 자연의 모습을 그대로 살리는 것이 특징이지만 프랑스식 정원은 기하학적 형태의 깔끔한 모습을 하고 있습니다. 이러한 정원은 절대 왕정 시대에 특히 유행했는데, 거친 자연을 다듬어 문화적인 형태로 순응시킨다는 속뜻을 가지고 있습니

▼ 베르사유 정원

다. 즉, 강력한 중앙 집권을 이루어 모든 권력이 국왕에게 집중
된다는 의미입니다.

## 왕의 아파르트망

베르사유 궁전의 내부에는 대략 1,300여 개의 방이 있었는
데, 이 많은 방은 파리를 떠나 베르사유에 살게 된 귀족과 그
의 하인, 신하와 시녀 및 궁전에서 일하는 사람들이 사용했습

니다. 베르사유에 별도의 저택을 지어 준 것이 아니라 궁전 안에서 함께 살도록 했기 때문입니다. 당시 베르사유에 사는 인원은 대략 1만 5천 명 정도 되었을 것이고 이들이 살 많은 방이 필요했습니다. 그중에서 왕과 왕비, 왕자와 공주가 사용하는 방은 60여 개 정도였습니다. 베르사유 궁전의 전체 모습은 ㄷ자 형인데, 이때 양옆의 공간을 '익랑'이라고 합니다. 그중 남쪽에 자리 잡은 남익랑은 왕비의 아파르트망이었고, 반대편 북익랑은 왕의 아파르트망이었습니다. 여기서도 왕과 왕비의 공간이 서로 분리되어 있다는 것을 알 수 있는데, 우리의 전통 궁궐에서도 왕과 왕비의 침전이 서로 분리되어 있었습니다. 왜 그럴까요?

지금은 부부가 방을 함께 쓰는 것이 당연하지만, 이는 대체로 19세기 정도에 굳어진 관습입니다. 예전에는 결혼을 했다고 하더라도 아내와 남편이 방을 따로 쓰는 것이 일반적이었습니다. 우리의 전통 사대부가에서도 아내는 안채, 남편은 사랑채에서 지냈습니다. 유럽의 귀족 주택도 마찬가지여서 아내의 방, 남편의 방이 따로 있었습니다. 궁전처럼 규모가 큰 경우에는 왕비의 아파르트망, 왕의 아파르트망이 별도로 마련되어 있었습니다. 베르사유에서 왕의 아파르트망은 7개의 큰 방으로 이어져 있었습니다.

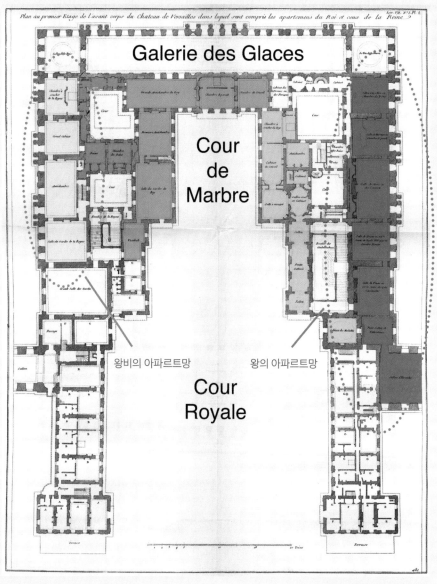

Galerie des Glaces

Cour
de
Marbre

Cour
Royale

왕비의 아파르트망          왕의 아파르트망

▲ 베르사유 궁전 아파르트망

각각의 방은 비너스의 방, 주피터의 방, 아폴론의 방, 마르스의 방, 디아나의 방처럼 로마 신화에 나오는 신들의 이름이 붙어 있었습니다. 그 이유는 천장에 그러한 신들이 그려져 있었기 때문입니다. 이를테면 비너스의 방 천장에는 비둘기가 끄는 전차를 탄 비너스가 그려져 있었습니다. 디아나의 방 천장에는 달의 여신이자 사냥의 여신이었던 디아나가 그려져 있었습니다. 천장에 네 마리의 말이 끄는 사두마차를 탄 아폴론이 그려져 있는 '아폴론의 방'은 가장 중요한 방으로 옥좌가 놓여 있었습니다. 그리고 신들의 왕 주피터의 모습이 그려진 주피터의 방은 국왕이 대신들과 함께 모여 회의하는 방이었습니다. 이처럼 일곱 개의 방에는 로마 신화의 주요 신들이 그려져 있었는데, 이는 루이 14세의 일곱 가지 덕목으로 알려진 현명, 정의, 용기, 경건, 관대, 장려, 우아함 등을 상징하기도 했습니다.

왕의 아파르트망의 중심 주제가 태양신 아폴론이었다면, 왕비의 아파르트망의 중심 주제는 지혜의 여신으로 알려진 미네르바아테네였습니다. 한편, 왕세자를 위한 아파르트망도 있었는데, 그곳의 중심 주제는 아킬레우스였습니다. 아킬레우스는 위대한 스승으로 알려진 현자 케이론에게 교육을 받아 이후 훌륭한 전사로 성장했다고 전해집니다. 말하자면 왕세자에게 가장 중요한 것은 훌륭한 스승 밑에서 열심히 공부하는 것임을 암시하고 있는 셈입니다.

146

왕비의 아파르트망과 왕의 아파르트망을 연결하는 중간 영역에 그 유명한 '거울의 방'이 있었습니다. 거울의 방은 긴 갤러리 형태로 지어졌는데, 한쪽 벽면에는 정원을 향해 17개의 대형 유리창이 있고 또 한쪽 벽면에는 17개의 대형 거울이 붙어 있어 지어진 이름입니다. 길이가 80미터에 이르기 때문에 엄밀히 말하면 방이 아니라 갤러리이고, 이 방의 실제 프랑스식 이름도 '유리의 갤러리'입니다. 거울도 유리로 만들기 때문이죠. 갤러리에는 대리석 기둥이 사용되었으며, 촛대와 장식품은 모두 금도금으로 되어 있어 이루 말할 수 없이 화려합니다. 지금도 수많은 관광객이 베르사유에서 가장 크고 화려한 이 방에 들러 놀라곤 합니다. 지금 보아도 충분히 아름답고 화려하지만 당시의 시각으로 보면 더욱 놀랍습니다.

현재 우리 주변에서는 어디서나 큰 거울을 쉽게 볼 수 있지만 17세기 당시에는 거울이 매우 귀한 물건이었습니다. 요즘 아파트의 발코니들은 천장부터 바닥까지 한 장의 커다란 통유리를 사용하고 있고, 또 빌딩의 출입문도 아예 통유리로 되어 있는 경우가 많지만 17세기에 이렇게 커다란 통유리를 만든다는 것은 기술적으로 매우 어려웠습니다. 고대 로마 제국과 페르시아 제국 시절부터 유리가 쓰이긴 했지만 값이 아주 비쌌고 크기도 크지 않았습니다. 중세 시대까지 대체로 손바닥 크기의 유리를 만드는 게 고작이었습니다. 색깔도 지금처럼 맑고 투명

▲ 거울의 방

하지 못해서 탁하고 뿌연 빛을 냈습니다. 그래서 만들어진 것이 성당의 벽면을 장식한 스테인드글라스였습니다. 조그만 유리를 색색으로 물들여 모자이크 기법으로 이어 붙여 그림을 만드는데, 그림의 내용은 주로 성경에 나오는 이야기들이었습니다. 스테인드글라스는 프랑스 중세 성당 건축의 특징 중 하나로, 창을 통해 햇빛을 받으면 스테인드글라스가 은은하게 빛나면서 마치 천국에 온 듯한 느낌을 줍니다. 신비로운 아름다움을 자랑하지만 한편으로 중세 유리 제조 기술의 한계이기도 했습니다.

스테인드글라스, 즉 '착색된 유리' 대신 뒷면에 수은을 바른 것이 거울입니다. 거울을 만들려면 유리를 평평하게 만들어야 합니다. 유리 표면이 불룩하거나 휘어져 있으면 거울에 맺힌 상이 일그러져 보이기 때문입니다. 하지만 크고 평평한 판유리를 만드는 것이 예전에는 무척 어려웠습니다. 16~17세기 유럽에서 최고의 유리 제작 기술을 보유한 곳은 이탈리아의 베네치아였고, 이 기술을 독점하기 위해 유리 제조 기술을 외국으로 유출하는 것을 엄격히 금지했습니다.

그런데 루이 14세 시절인 17세기부터 프랑스는 이탈리아를 제치고 유럽 최고의 부유한 나라가 됩니다. 당연히 기술이나 문화도 이탈리아를 앞지르기 시작했습니다. 루브르 궁전을 증축할 때 이탈리아 건축가 베르니니를 불렀다가 이후 프랑스 건축가로 교체했던 것도 이때의 일입니다. 베르사유 궁전을 지을 때도 마찬가지였습니다. 모든 건축가는 프랑스인이었고, 건축 재료도 프랑스 제품이었습니다. 당연히 유리와 거울도 프랑스 제품이어야 했습니다. 그러기 위해 1665년에 왕립유리제작소를 설치하였고 베네치아 출신의 거울 장인들을 비밀리에 불러들여 기술을 전수받았습니다. 그리고 13년 후인 1678년 마침내 80미터 길이의 긴 벽면을 온통 유리와 거울로 치장한 거울의 방, 아니 '유리의 갤러리'를 만들 수 있었습니다. 이는 유리 제작에 있어 프랑스가 베네치아를 넘어섰다는 선언이기도 했습니다.

당시의 유리는 고부가가치의 제조업이었습니다. 유리는 이후 정교한 렌즈 제작으로 이어지는데 이 렌즈를 가지고 현미경, 망원경은 물론 카메라도 만들 수 있기 때문입니다. 정교한 현미경의 등장은 의학의 발달을 가져왔으며, 망원경의 발달로 천체물리학이라는 새로운 학문 분야가 개척되었습니다. 또한 어둠상자에 유리 렌즈를 부착하여 만든 것이 카메라고요. 따라서 당시의 유리 제작 기술은 아마 요즘의 반도체 제작 기술처럼 중요한 기간산업[1]이었을 것입니다. 모든 벽면이 온통 유리와 거울로 장식된 유리의 갤러리는 프랑스의 기술력을 전 세계에 과시하기 좋은 곳이었습니다. 실제 이곳은 국가적인 큰 행

---

1) 한 나라 산업의 기초가 되는 산업

사를 치르거나 외국의 사절이 방문했을 때 회의하는 장소로 사용되었습니다. 이곳에서는 1871년 프로이센과 프랑스가 치른 보불 전쟁의 종전 협정, 1918년 제1차 세계 대전의 종전 협약 등 세계사에서 굵직한 사건들이 일어났습니다. 한편, 거울의 방 양옆으로는 평화의 방, 전쟁의 방이 있었습니다. 거울의 방이 알현실, 대회의실 등으로 사용되었으므로 양옆에서 행사를 준비하며 대기하는 용도로 사용했을 것입니다.

중세 성당에 성경 속 장면이 그려진 스테인드글라스가 있었다면, 베르사유 궁전에는 성경이 아닌 루이 14세의 모습을 비춰 주는 거울의 방이 있었습니다. 이는 프랑스에 중세의 기독교 권력을 제치고 절대 왕정이 들어섰다는 것을 비유적으로 보

▲ 중세 성당에 마련된 스테인드글라스

여 주기도 합니다. 왕의 아파르트망, 왕비의 아파르트망, 그리고 거울의 방, 이것이 베르사유에서 가장 중요한 곳이었고, 그 외에 왕실 가족이 예배를 보는 성당, 연극을 공연하고 관람하기 위한 극장도 있었습니다. 이곳에서 젊은 날의 루이 14세는 가끔 태양신 아폴론으로 분장한 채 발레를 추기도 했습니다. 설탕을 녹여 만든 시럽에 금가루를 섞어서 온몸에 발랐으니 그야말로 태양처럼 반짝였을 것입니다. 그 외에 베르사유에 있는 수많은 방은 신하와 시녀, 하인과 병사들의 숙소로 사용되었고, 수많은 귀족의 거처로도 사용되었습니다.

앞서 루이 14세는 모든 귀족에게 파리를 떠나 베르사유에서 살도록 명했다고 했습니다. 귀족이 한두 명도 아니고 수백

▼ 베르사유 궁전 안에 마련된 성당

명은 되었을 텐데, 이들은 각자 자신의 하인과 하녀도 데리고 왔을 것입니다. 이 많은 사람이 모두 베르사유 궁전 안에서 함께 생활했으니 귀족으로서는 상당히 불편했겠지요. 그러면서도 되도록 왕과 왕비의 눈에 자주 띄어 총애를 받고 출세하기를 바랐을 것입니다. 바로 이것이 모든 귀족을 베르사유에서 살도록 한 루이 14세의 속셈이었을지도 모릅니다. 귀족들이 모두 한곳에 모여 살다 보니 이들끼리의 경쟁도 은근히 치열해졌습니다. 왕과 왕비의 눈에 띄기 위해서는 아름다운 용모와 멋진 옷차림을 비롯하여 예절 바른 태도, 재치 있는 말솜씨가 중요했습니다. 파티에서 춤을 출 때는 물론, 식사를 하거나 걸을 때 등 모든 행동에서 우아하고 세련된 태도를 갖추어야 했습니다. 이러한 베르사유 귀족들의 섬세하고 세련된 예절은 '에티켓'이 되었고 귀족들의 옷차림과 머리 모양, 화장품도 점차 명성을 얻으면서 전 세계로 퍼져 나갔습니다. 프랑스가 이제 최고의 문화 강대국이 된 것입니다. 그리고 그 중심에 태양왕 루이 14세가 있었습니다. 그는 아침에 침대에서 일어나 옷을 갈아입고 식사를 하는 등 일상의 모든 모습을 귀족과 신하들에게 공개했습니다. 왕의 사소한 사생활을 볼 수 있는 것은 귀족들의 특권이자 영광이기도 해서 루이 14세의 주변에는 아침부터 밤까지 수많은 귀족이 해바라기처럼 둘러싸고 있었습니다. 개인적으로는 조금 성가시기도 했을 것입니다. 그래서 그는 베르사유 후원 한편에 자신을 위한 별궁을 따로 짓기도 했습니다.

## 그랑 트리아농, 프티 트리아농

루이 14세는 1685~1687년 사이에 베르사유 후원 한쪽에 '그랑 트리아농'이라는 별도의 궁을 짓습니다. 설계는 아르두앙 망사르J. Hardouin-Mansart가 담당했는데, 단층으로 이루어져 있어 규모는 그리 크지 않지만 아름다운 대리석 쌍기둥이 사용되었습니다. 이곳에서 루이 14세는 불편하고 거추장스러웠던 왕실 생활에서 벗어나 편하게 지냈습니다. 일종의 휴식용 공간이라 할 수 있는데, 이러한 곳이 몇 군데 더 있었습니다. 루이 14세의 증손자인 루이 15세는 1762~1768년 후원 한쪽에 '프티 트리아농'이라는 또 하나의 작은 궁전을 짓습니다. 원래는 루이 15세의 연인이었던 퐁파두르 부인에게 선물하기 위한 것이었는데, 완공을 앞두고 퐁파두르 부인이 사망했기 때문에 그 후 또 다른 연인인 뒤바리 부인의 차지가 되었습니다. 이후 루이 16세의 부인인 마리 앙투아네트가 사용하는 등 주로 여성들이 사용했던 작은 궁전입니다. 규모는 그리 크지 않았지만 내부는 무척 화려해서 파티나 무도회가 자주 열렸습니다.

그뿐만 아니라 마리 앙투아네트는 1783년 후원 한편 호숫가에 시골 농가 10여 채를 짓고 '왕비의 시골 마을'이라 이름 붙이기도 했습니다. 이곳에는 물레방앗간과 조그만 텃밭이 있어 염소와 닭을 키우기도 했으니 정말 시골 마을과 다름없었습니다. 왕비는 이곳에 들러 낚시를 하고 우유도 짜며 채소를 키우기도 했습니다. 매일 밤 벌어지는 화려한 파티에 싫증 난 왕비의 '시골 놀이'라고도 할 수 있는데, 사실 18세기 말 프랑스에서는 소박한 시골풍의 전원생활 체험이 유행하였습니다. 19세기 조선에서도 창덕궁에 낙선재·석복헌·연경당이, 경복궁에 건청궁이 지어지는데, 이는 모두 단청을 하지 않은 소박한 집이었습니다. 비슷한 일이 베르사유에서도 일어난 것입니다.

절대 왕정 시대 부르봉 왕조의 왕들은 화려하면서도 숨이

▼ 베르사유 궁전의 후원에 마련된 시골 농가

막히는 생활을 하고 있었습니다. 크고 웅장했던 베르사유에는
1만 5천 명의 사람들이 함께 살고 있었고, 그중 최측근이었던
수십 명의 귀족들은 화장실을 갈 때조차 졸졸 따라다녔습니다.
그러니 조용한 생활을 위해 루이 14세가 그랑 트리아농, 루이
15세가 프티 트리아농을 지었던 것입니다. 마리 앙투아네트는
더욱 편안하게 지내고 싶어 시골 마을을 짓기도 했고요.

  하지만 화려했던 궁전의 모습과 달리 그즈음 프랑스는 큰
위기에 직면해 있었습니다. 이미 루이 14세 시절부터 외국과
잦은 전쟁을 치르느라 많은 돈을 썼기 때문입니다. 나라에 돈
이 모자라면 국가도 빚을 질 수밖에 없는데, 이를 '국채'라고 합
니다. 루이 15세는 전쟁을 치르느라 재정적 위기가 더 심각해

▼ 베르사유 후원

지고, 그 빚은 손자인 루이 16세가 고스란히 떠안았습니다. 당시 프랑스는 상당한 국채를 지고 있었는데도 루이 16세는 또 다른 전쟁에 참여합니다. 미국이 영국을 상대로 독립 전쟁을 벌일 때 미국에 전쟁자금을 대 준 것입니다. 프랑스의 국고는 바닥이 났고 루이 16세가 세금을 더 걷으려고 하자 국민들은 더 이상 참을 수 없는 지경에 이르렀습니다.

마리 앙투아네트가 시골 마을을 지어 놓고 한가로이 우유를 짜며 지낸 지 6년이 지난 1789년, 파리 시민들은 베르사유로 가서 빵을 달라고 소리쳤습니다. 군중의 기세에 놀란 왕과 왕비가 베르사유 궁전의 2층 발코니에 서서 얼굴을 내비쳤지만 군중의 분노는 가라앉지 않았습니다. 왕과 왕비는 화려한 베르사

유를 떠나 다시 파리로 와야 했습니다. 당시 루브르 궁전은 비워 둔 지 오래되어 너무 낡았던 탓에 튈르리 궁전에 머물렀습니다. 이곳에서 3년을 지내던 왕과 왕비는 1792년 외국으로 탈출할 계획을 세웁니다. 마리 앙투아네트의 친정이었던 오스트리아에 가서 도움을 청할 생각이었지만, 왕과 왕비는 국경 부근에서 그만 붙잡히고 맙니다. 그리고 시테섬에 있던 콩시에르주리 감옥에 감금되었습니다. 시테섬은 파리의 역사가 맨 처음 시작된 곳으로 시테 궁전이라는 최초의 왕궁이 있었다고 앞에서 설명했습니다. 콩시에르주리는 바로 그 시테 궁전에 있던 감옥이었는데, 이곳에 루이 16세와 마리 앙투아네트가 감금되었습니다. 그리고 이듬해인 1793년 1월 루이 16세가 혁명광장<sup>현 콩코드</sup>

▼ 처형을 위해 콩시에르주리를 떠나는 마리 앙투아네트

광장에서 처형당하고, 10월에는 마리 앙투아네트도 처형당합니다. 이로써 프랑스 부르봉 왕조는 막을 내리고 그 무대가 되었던 루브르와 베르사유는 만인에게 공개되었습니다. 1793년 루브르 궁전이 미술관이 되었듯, 베르사유 궁전도 1837년 미술관으로 개방되었습니다. 한편, 튈르리 궁전은 1871년 보불 전쟁과 파리 코뮌[2] 시절에 불에 타는 등 큰 피해를 입었다가 결국 철거되었고 현재는 튈르리 공원이 되었습니다.

프랑스의 루이 14세는 "짐이 곧 국가이니라."라는 말을 했던 것으로 유명합니다. 국가와 국왕을 동일시할 만큼 큰 권력을 행사했고, 절대 권력의 상징이라 할 수 있는 루브르 궁전과 베르사유 궁전을 지었습니다. 그가 두 궁전을 완성한 시기는 1660년대였지만 고작 120여 년이 지난 1789년 프랑스 대혁명이 일어나 두 궁전은 이제 미술관이 되었습니다. 프랑스 대혁명은 시민들의 손으로 왕실 권력을 끌어냈다는 데 의의가 있고, 왕실이 사용하던 궁전 역시 프랑스 국민 모두의 것이 되었습니다. 그런데 이렇게 절대 권력의 왕권을 국민의 손으로 처단한 나라가 또 한 곳 있으니 바로 러시아였습니다.

---

2) 1871년 3월 18일~5월 28일, 파리 시민들이 세운 사회주의 자치 정부

# 러시아
# 겨울 궁전과
# 에르미타주
# 미술관

세계에서 가장 화려한 궁전을 꼽으라면 대개 프랑스의 루브르, 베르사유 그리고 러시아의 겨울 궁전을 꼽습니다. 베르사유 궁전이 5월의 푸른 잔디밭 위에 핀 장미라면 그 꽃을 유리로 만들어 새하얀 눈밭 위에 꽂아 놓은 것이 러시아의 겨울 궁전이라고 비유하기도 합니다. 실제로 18~19세기 러시아 문화는 17세기 프랑스의 영향을 많이 받았으니까요. 그런데 이 겨울 궁전은 모스크바가 아닌 상트페테르부르크에 있었습니다. 그렇다면 겨울 궁전은 어떤 곳이며, 왜 상트페테르부르크에 있었던 걸까요?

## 표트르 대제의 탄생

러시아는 세계에서 가장 넓은 영토를 가졌지만 상당 부분이 얼음으로 뒤덮여 있습니다. 추운 날씨 탓에 세계사의 무대에 등장하는 것도 비교적 늦은 서기 882년경으로, 이때 러시아가 건국됩니다. 10세기경부터 기독교를 받아들이고 '키릴 문자'라는 독특한 러시아 문자를 사용하기 시작했습니다. 당시의 수도는 키이우였기 때문에 흔히 이 시기의 러시아를 '키이우 러시아'라고도 합니다. 1240~1480년까지 러시아는 몽골의 지배를 받기도 했지만, 1480년 몽골의 지배를 물리치고 새로운 시대를 엽니다. 그 후 수도를 모스크바로 옮기고 '크렘린'이라는 성채를 새 수도 모스크바에 지었습니다.

크렘린은 러시아어로 '성채'라는 뜻인데, 1672년 여름 이곳에서 '표트르'라는 왕자가 태어납니다. 그는 10년 후인 1682년 차르, 즉 황제로 즉위하였습니다. 하지만 열 살의 어린 나이여서 실제 정치는 이복누나인 소피아 공주가 담당했습니다. 당시 러시아 정세는 복잡했기 때문에 어린 표트르는 크렘린 궁전이 아닌 모스크바에서 조금 떨어진 시골 마을에서 살아야 했습니다. 프랑스에서 루이 14세가 다섯 살의 나이로 왕위에 올랐지만 실제 정치는 어머니가 했고 프롱드의 난 때문에 파리를 떠나 시골에서 살아야 했던 것과 비슷해 보입니다. 소년 표트르

▲ 표트르 대제

는 시골 마을에서 배를 직접 만들어 보고 전쟁놀이를 자주 했다고 하는데, 이것이 단순한 놀이는 아니었던 것으로 보입니다. 실제 군인들이 전쟁놀이에 참여했고 대포와 소총에는 실탄이 사용되었으니까요. 배 만들기와 전쟁놀이는 이후 표트르의 행보에 큰 영향을 끼칩니다.

어느덧 성년이 되어 친정을 실시하던 1697년 3월, 대규모의 사람이 썰매를 타고 어딘가를 향해 길을 떠났습니다. 썰매는 짐을 싣는 썰매와 사람이 타는 썰매를 합쳐 모두 1천여 대였고, 그때 출발한 사람들이 250여 명이었으니 정말 대규모 행렬이었습니다. 그중에는 평민으로 신분을 위장한 표트르도 끼어 있었습니다. 이들은 서유럽의 발달한 문물을 직접 배우고 익히기 위해 길을 떠난 것이었습니다. 1690년대라면 프랑스는 루이 14세의 재위 시절로 루브르와 베르사유 궁전이 갓 지어졌을 때입니다. 절대 왕정과 바로크 양식을 완성한 시기였지만 아직 러시아는 한참 뒤떨어져 있었습니다. 이에 러시아를 근대화시키기 위해 많은 신하를 대동하고 표트르가 직접 나선 것입니다. 그는 우선 프로이센독일의 전신에 가서 대포 조작 기술을 배웠고, 영국에서는 군사 훈련 방법을 배웠습니다. 그리고 네덜란드에서는 목수가 되어 선박 제조 기술도 배웠습니다. 선박 제조, 대포 조작, 군사 훈련 등은 모두 전쟁에서 사용되는 중요한 실무 기술들인데, 이를 직접 배우고 익힌 뒤 1698년 귀국합니다.

그 후 1700년부터 1721년까지 대북방 전쟁이라 하여 발트해를 사이에 두고 스웨덴과 전쟁을 벌였습니다. 당시 스웨덴은 유럽 북부 지역을 지배하던 강국이었는데, 이 전쟁에서 러시아가 승리하며 발트해 연안 네바강 하류에 있는 조그만 항구도시를 얻을 수 있었습니다. 1703년 이곳에 요새를 건설하는데, 이것이 바로 상트페테르부르크의 시작이었습니다. 지금 러시아의 수도는 모스크바이지만, 겨울 궁전은 상트페테르부르크에 있습니다. 18~19세기 러시아의 수도가 이곳이었기 때문입니다.

1703년 표트르는 네바강 하류에 있던 토끼섬에 페트로파블롭스크 요새를 짓습니다. 토끼섬이란 강 가운데 생긴 자연적인 모래섬으로, 사람이 살지 않는 무인도에 토끼들이 많이 살아서

▼ 페트로파블롭스크 요새

토끼섬이라 불리던 곳입니다. 이곳에 방어적 요새를 지었으니, 프랑스가 파리 센강의 시테섬 한가운데에 요새를 지었던 것과도 비슷합니다.

## 페테르부르크의 건설

페테르부르크는 본래 늪지대에 자리 잡은 척박한 땅이었습니다. 이런 곳에 도시를 건설하기 위해 우선 늪을 메워야 했는데, 1703년부터 1708년 무렵까지 수십만 명이 동원되어 기초공사를 했습니다. 동원된 이들은 주로 전쟁포로나 범죄자, 농노들이어서 이들에 대한 처우는 좋지 못했습니다. 변변한 장비도 없이 맨손으로 땅을 일구다시피 했고 그 바람에 사망한 사람들만 2만 5천 명이었습니다. 간신히 기초공사가 끝나고 1711년 표트르는 이곳에 첫 궁전을 짓습니다. 목조로 지어진 2층 규모의 작은 건물로 1년 만에 완공되었습니다. 앞서도 이야기했듯 목조로 건물을 지으면 비용을 절감할 수 있고 공사 기간도 줄일 수 있습니다. 이렇게 궁전 건축을 서두른 이유는 당시 전쟁 중이기도 했고, 또한 수도로서의 면모를 빨리 갖추고 싶었기 때문일 것입니다.

이듬해인 1712년 그는 새로 지은 궁전에서 결혼식을 올리면서 모스크바의 모든 귀족을 초대합니다. 결혼식이 끝난 후 자신의 허락 없이는 페테르부르크를 떠날 수 없다는 명령을 내리고 1713년 이곳을 새로운 수도로 선포합니다. 다시 말해 수도를 모스크바에서 페테르부르크로 급히 옮긴 것이며, 귀족들이 반대할까 봐 결혼식에 초대하는 방법을 쓴 것입니다. 그리하여 그전까지 불모지나 다름없던 페테르부르크는 1천여 명에 달하는 귀족과 그에 딸린 하인, 2천여 명의 장인과 수백 명의 상인이 거주하는 신도시이자 행정도시가 되었습니다.

표트르가 수도를 옮긴 이유는 앞서 이성계가 조선을 건국한 뒤 개경에서 한양으로 천도를 한 것, 프랑스의 루이 14세가 파리를 떠나 베르사유에 새로운 행정도시를 건설한 것과 같이 왕

▼ 표트르 대제가 세운 새 수도인 상트페테르부르크

권을 강화하기 위해서였습니다. 그는 열 살의 어린 나이에 왕이 되었지만 실권은 누나 소피아 공주가 쥐고 있었습니다. 모스크바에서 떨어진 시골에서 살 때 누군가가 자객을 보내 살해 시도를 했다는 것도, 프롱드의 난으로 파리를 떠나 살아야 했던 루이 14세의 어린 시절과 비슷합니다. 오랜 수도였던 모스크바에는 대대로 내려오는 귀족들이 근거지를 이루어 살고 있었기 때문에 젊은 왕은 자기 뜻을 제대로 펼칠 수가 없었습니다.

표트르는 1697~1698년에 서유럽을 시찰하면서 러시아가 아직도 후진적인 상황에 처해 있음을 뼈저리게 느끼고, 서유럽의 발달한 문화를 받아들여 러시아를 개혁하고자 합니다. 그가 러시아로 돌아온 첫날, 왕을 알현하기 위해 줄줄이 늘어서 있던 귀족들의 수염을 가위로 직접 잘랐다는 일화는 유명합니다. 이미 유럽에서는 모든 남자가 깔끔하게 면도하는 관습이 정착되어 있었는데, 러시아에서는 수염을 길게 기르는 풍습을 계속 유지하고 있었습니다. 러시아의 오랜 구습을 타파한다는 의미로 귀족의 수염을 잘랐는데, 이는 귀족들의 큰 반발을 불러왔습니다. 단순히 수염을 자르고 말고의 문제를 너머 러시아를 새롭게 혁신하고자 하는 젊은 황제와 기득권을 지키려는 구귀족 간의 대립이었습니다.

보수적인 구 귀족들의 오랜 근거지가 모스크바였습니다. '새 술은 새 부대에 담아라.'는 말처럼 젊은 황제는 러시아의 혁신을 위해 수도를 옮겨야 했던 것입니다. 이러한 내부적인 요인 외에 대외적으로는 유럽과의 교류 확대를 꾀한다는 목적도 있었습니다. 비행기가 없던 예전에는 외국과의 교류에 주로 배가 이용되었습니다. 내륙도시인 모스크바보다 항구도시인 페테르부르크가 이 점에서 뛰어났죠. 한편, 표트르는 군사제도나 무기, 선박과 같은 실무 기술 외에 유럽의 세련된 문화도 받아들였습니다. 그중 으뜸은 우아하기로 소문난 프랑스 문화였으며, 에티켓이라 불리는 궁정 예절은 물론 옷차림과 음식도 프랑스 문화를 받아들였습니다.

귀족들은 그전까지 입고 다니던 긴 원피스 형태의 러시아 전통의상 대신 프랑스식 옷차림을 해야 했고, 프랑스식 요리와 식사 예절을 익혀야 했습니다. 또한 당시의 국제어이자 문화어라 할 수 있는 프랑스어를 사용해야 했죠. 귀족들은 프랑스인 가정교사를 집에 들여 아이들이 정확한 프랑스어를 구사할 수 있도록 가르쳤습니다. 이러한 서유럽의 세련된 문물이 들어오는 곳이 항구도시인 페테르부르크여서, 당시 페테르부르크는 '유럽으로 열린 창'이라는 별명이 붙어 있었습니다. 표트르는 새로운 수도에 큰 애착을 가지고 '상트페테르부르크'라는 이름을 붙였는데, 이는 '성 베드로의 도시'라는 뜻입니다. 기독교에서 베드로는 예수의 열두 제자 가운데 한 명으로 베드로의 독일식 발음이 페테르이고, 부르크는 '마을, 도시'라는 뜻이기 때문입니다. 또한 유럽에서는 사람 이름을 지을 때 예수의 열두 제자나 대성인, 천사의 이름에서 따오곤 하는데, 러시아어인 표트르 역시 발음만 다를 뿐 베드로, 페테르와 같은 말입니다. 그러므로 상트페테르부르크에는 '성 베드로의 도시'라는 뜻 외에 '표트르 대제가 세운 도시'라는 뜻도 숨어 있는 셈입니다.

1713년 표트르가 이곳을 러시아의 새로운 수도로 선언했지만, 도시에서 가장 중요한 시설이라 할 수 있는 성당과 궁전은 목조 건물이었습니다. 본래 러시아는 목조 건축의 전통이 강하지만, 서유럽의 대형 성당과 궁전은 석조로 짓는 것이 원칙이었습니다. 무엇보다 급히 지었던 궁전은 규모도 작았기 때문에 이후 여러 차례의 증개축을 하여 현재에 이르고 있습니다. 처음 지어진 1711년에는 14개의 방이 있었다고 하니, 표트르와 그의 아내인 예카테리나 1세가 사용할 침실 및 식당과 응접실, 서재, 연회실 등이 있었을 것입니다. 특히 방 하나에는 표트르 자신이 직접 사용했던 공구와 기계들을 모아 두기도 했습니다.

이 궁전에서 1712년 예카테리나 1세와 결혼식을 올린 표트르는 1719~1720년 사이에 궁전을 한 번 증축합니다. 설계는 독일인 게오르크 요한 마타르노비Georg Johann Mattarnovi가 담당하고 공사는 이탈리아 출신의 도메니코 트레치니Domenico Trezzini가 맡았습니다. 도메니코 트레치니는 18세기 초반 겨울 궁전을 비롯하여 신도시 상트페테르부르크의 여러 건물을 지은 것으로 유명합니다. 그는 이탈리아 출신이기는 해도 덴마크의 코펜하겐에서 요새 건설 기술자로 일한 경험이 있는데, 코펜하겐과 상트페테르부르크는 모두 늪지대라는 공통점이 있습니다. 그는 화려한 예술가라기보다는 건축기술자에 가까웠고 이런 점이 실용성을 강조했던 표트르의 취향과 잘 맞았을 것입니다. 당시 표트르와 트레치니에게 중요한 프로젝트는 새 수도 상트페테르부르크를 건설하는 일이어서, 늪지대의 지반을 다져 여러 관청과 학교, 병원, 주택 등을 지었습니다.

표트르 대제는 후진적인 러시아를 개혁하고 새 수도 상트페테르부르크를 건설한 위대한 황제였습니다. 그에게 있어 중요한 일은 상트페테르부르크라는 도시를 건설하는 일이지, 자신이 살기 위한 궁전을 짓는 것이 아니었습니다. 그래서 처음 지었던 궁전은 규모가 작았지만, 이후 세 명의 여성 황제, 즉 여제에 의해 화려하게 증개축됩니다. 그 여제들은 표트르의 아내 예카테리나 1세, 딸 엘리자베타 여제 그리고 손자며느리 예카테리나 2세였습니다.

## ▌겨울 궁전의 확장과 에르미타주의 건설

1725년 1월 표트르 대제 사망 후에 즉위한 예카테리나 1세는 1726~1727년에 걸쳐서 궁전을 한 번 증개축합니다. 이때 100여 개의 방을 새로 만들면서 표트르 대제가 지었던 본래 궁전은 한구석으로 밀려나다시피 합니다. 규모로 보면 대략 이때부터 유럽의 여러 궁전과 견줄 만한 수준이 되었습니다. 그리고 표트르 대제의 딸인 엘리자베타 여제의 재위 기간1741~1761년 중인 1754~1762년 무렵에 또 한 번 확장이 됩니다. 이 시기 가장 왕성하게 활동했던 건축가는 바르톨로메오 라스트렐리Bartolomeo Rastrelli였습니다. 그는 본래 이탈리아 출신이었지만 프랑스 파리에서 성장하면서 미술과 건축 교육을 받았습니다. 당시는 루이 14세 시절이었으니, 그는 바로크 양식의 본고장에서 교육을 받은 것입니다. 그 후 상트페테르부르크로 이주하여 프랑스의 바로크 양식을 러시아에 전파하는 역할을 했습니다.

엘리자베타 여제는 겨울 궁전을 대대적으로 증개축하기 위해 1726~1727년 사이에 지었던 궁전을 헐어내고 완전히 새로

짓다시피 했습니다. 그때 지어진 것이 바로 지금 남아 있는 겨울 궁전으로 규모가 어마어마했습니다. 네바강을 따라 지어진 건물의 정면 길이만 150미터였고 총규모는 7천 평이 넘었습니다. 방은 모두 1,054개가 있었다고 하니 맨 처음 표트르가 지었던 14개의 방, 예카테리나 1세가 증축했던 200여 개의 방과 비교해 몇 배로 커졌습니다. 화려하기도 몹시 화려해서 궁전의 창문 하나를 만드는 데 드는 비용이 거기서 일하는 건설 노동자의 10년 치 연봉과 맞먹을 정도였습니다. 궁전을 짓기 위한 건설 노동자의 수도 대략 6천여 명 정도였습니다.

겨울 궁전에서 가장 화려했던 곳은 '요르단 대계단'이라고 불리는 중앙계단이었습니다. 요즘은 계단을 단순한 이동 통로로 생각하지만, 당시의 계단은 2층의 중요한 방과 1층의 로비를 연결하는 입체적인 공간으로서 일종의 무대장치와도 비슷했습니다. 이를테면 2층에서 여왕이 가장 화려한 옷을 입고 수십 명의

▼ 겨울 궁전

신하와 귀족 부인들을 거느린 채 중앙계단에 나타납니다. 이때 1층에서 여왕을 기다리고 있던 사람들은 자연스레 2층 계단에 선 여왕을 올려다보게 됩니다. 바로 이러한 장면을 연출하기 위한 장치로서 계단이 사용되는 것입니다. 이는 바로크 건축의 특징이기도 한데, 프랑스에서 성장한 라스트렐리에 의해 러시아에 이식된 셈입니다.

엘리자베타 여제는 겨울 궁전 건축에 힘을 쏟았지만 막상 완공은 보지 못했습니다. 완공되기 1년 전인 1761년 사망했기 때문입니다. 그리고 이듬해인 1762년 표트르 대제의 손자 며느리인 예카테리나 2세가 즉위합니다. 1764년부터 겨울 궁전 옆에 세계 각국의 예술품과 미술품을 수집하고 전시하기 위

▼ 요르단 대계단

한 장소로서 별궁을 짓습니다. 예카테리나 2세는 예술품 수집을 좋아했던 것으로 유명한데, 이를 위해 별도의 궁을 짓고 '은신처'라는 뜻으로 '에르미타주'라 불렀습니다. 에르미타주는 하나가 아니고 여럿이었습니다. 1764~1775년 사이에 처음 지어진 것은 '작은 은신처'라는 뜻으로 '소 에르미타주'라 불리고, 1771~1787년 사이에 지어진 것은 '구 에르미타주'라 불립니다. 그리고 후대인 니콜라이 1세 시절<sup>1851~1852년 사이</sup>에 지어진 것은 '신 에르미타주'라 불리는 등, 에르미타주는 나란히 맞붙어 여러 개가 있었습니다.

1760~1780년대 예카테리나 2세가 에르미타주를 짓던 시기는 프랑스의 베르사유 궁전에서 마리 앙투아네트가 궁전 한편에 지어져 있던 작은 궁 프티 트리아농을 재단장하고 시골 농가인 왕비의 마을을 지은 것과 비슷한 시기입니다. 루이 16세 시절은 건축 양식으로 보면 바로크 양식[1]이 끝나고 로코코 양식[2]이 유행하던 시기였습니다. 또한 왕과 왕비의 일거수일투족이 공개되는 것에 지친 마리 앙투아네트가 별도의 작은 궁에 들어가 살던 시기이기도 했죠. 바로 이 시기 러시아에서는 은신처, 즉 에르미타주가 지어지고 있었습니다. 에르미타주는 여제의

---

1) 르네상스가 끝나고 시작된 예술 양식으로, 건축에서는 실제보다 더 과장되고 극적으로 보이게 하기 위한 여러 기법이 주로 사용된다.
2) 바로크 양식의 후기에 등장하는 기법으로, 섬세하고 우아한 표현을 주로 사용한다.

허락을 받은 아주 가까운 사람들만 들어올 수 있었습니다. 이 곳에서 여제는 번잡한 궁중생활에서 벗어나 예술품을 감상했습니다. 에르미타주의 규모는 엄청나서 현재 소장품만 약 250만 점으로 알려져 있습니다. 그림이 걸려 있는 갤러리의 전체 길이는 모두 27킬로미터에 이르며, 이것을 한 번에 다 본다는 것은 불가능할 정도입니다. 본래 겨울 궁전이 있었고 그 옆에 지어지기 시작한 것이 에르미타주인데, 이제는 에르미타주의 규모가 더 커져서 겨울 궁전이라는 본래 이름보다 에르미타주 미술관이라는 이름이 더 유명하게 되었습니다. 그리고 이것은 러시아 겨울 궁전의 특징이기도 합니다. 그렇다면 총길이 27킬로미터에 이르는 긴 갤러리가 왜 생긴 걸까요?

본래 러시아는 겨울이 몹시 춥고 긴 나라입니다. 겨울은 대략 10월부터 시작되어 이듬해 3월까지 이어지니 1년 중 절반이 겨울입니다. 더구나 위도상 높은 곳에 있어 겨울에는 밤이 매우 깁니다. 그러다 보니 여름철을 제외하고는 봄가을에도 실외 활동이 다소 어렵습니다. 대부분의 시간을 실내에서 보내기 때문에 정원이나 후원은 크게 발달하지 못했습니다. 우리나라의 창덕궁과 창경궁도 널찍한 후원이 있고, 베르사유의 후원도 엄청난 넓이였습니다. 이렇듯 궁에는 보통 널따란 후원이 존재합니다. 왕과 왕비, 공주와 왕자는 궁 밖에 나가서 자유롭게 돌아다니는 것이 불가능하니 모든 것을 궁 안에서 해결해야 했기 때문입니다.

우리의 일상을 생각해 봅시다. 우리가 살고 있는 집은 그다지 크지 않을지 몰라도 매일 학교나 회사를 오가며 친구 집에 놀러 가기도 하고, 자전거를 타고 동네를 산책하기도 하며, 놀이동산이나 음식점, 극장, 백화점은 물론 국내외로 여행을 떠나기도 합니다. 지난 1년간 우리가 다닌 장소를 생각해 보면 상당히 넓은 반경이라는 것을 알 수 있습니다.

우리의 일상과는 달리 예전의 왕족들은 이렇게 궁 밖을 벗어나 자유롭게 돌아다니는 것이 불가능했습니다. 주로 궁 안에 갇혀 지냈으니 심심하거나 답답하지 않도록 넓은 후원이 마련된 것입니다. 곳곳에 누각과 정자는 물론 때로 시골 마을까지 만들어 놓았지요. 하지만 추운 나라인 러시아의 겨울 궁전에서는 이러한 후원조차 없었습니다. 물론 겨울 궁전에도 정원이 있기는 했지만 이는 온실이나 식물원과 비슷한 소규모 실내 정원이었습니다. 사냥을 하거나 마차를 타고 산책할 정도의 넓이는 절대 아니었죠. 이때 후원 대신 실내에 마련된 것이 에르미타주의 긴 갤러리라고 할 수 있습니다. 실제 에르미타주가 처음 지어졌을 때 예카테리나 2세는 친한 친구에게 다음과 같은 편지를 쓰기도 했습니다.

"내 방에서 에르미타주까지 다녀오려면 왕복으로 3천 걸음을 걷도록 지어졌어. 나는 내가 사랑하고 즐거움을 주는 수많은 소장품 사이를 걷지. 겨울에 이런 산책은 나를 건강하게 하고, 계속 걷게 만들어."

27킬로미터에 달하는 에르미타주의 갤러리, 그것은 실내에 마련된 넓은 산책로였습니다. 러시아의 겨울 궁전다운 독특한 발상입니다. 그런데 여기서 하나의 의문이 생깁니다. 춥고 긴 겨울을 보내기 위한 것이 겨울 궁전이라면 반대로 여름 궁전도 있을까요? 러시아처럼 겨울이 긴 지역에서는 궁전뿐 아니라 주택 자체가 겨울 추위를 견딜 수 있도록 지어집니다. 그런데 이런 주택은 여름이 되면 몹시 덥고 답답해지기 때문에 여름을 나기 위한 별장을 따로 짓는 경우도 있습니다. 요즘은 보일러와 에어컨 등 냉난방 설비가 잘되어 있어 굳이 계절에 따라 집을 옮겨 다닐 필요가 없지만 기계에 의한 냉난방 장치가 없던 옛날에는 이런 일이 더러 있었습니다. 마치 겨울옷과 여름옷이 따로 있어 계절에 따라 옷을 바꿔 입는 것과 비슷하다고 할 수 있습니다. 그래서 겨울 궁전 외에 여름용 별장이라 할 수 있는 여름 궁전이 따로 있었습니다.

▲ 에르미타주 갤러리

# 두 채의 여름 궁전

상트페테르부르크에서 조금 떨어진 교외에는 여름 궁전이 두 채 마련되어 있었는데, 하나는 예카테리나 궁전, 또 하나는 표트르 궁전이라는 별명으로 불립니다. 두 궁전을 바로크 양식으로 화려하게 지은 사람은 표트르와 예카테리나 1세의 딸인 엘리자베타 여제였습니다. 어머니의 이름을 딴 예카테리나 궁전부터 살펴보겠습니다.

상트페테르부르크에서 남동쪽으로 25킬로미터 떨어진 이곳은 본래 왕실 사냥터로 사용되던 곳이어서 1710년 표트르가 지은 사냥용 별장이 있었습니다. 이곳을 표트르 대제가 결혼 전 애인이었던 예카테리나에게 선물하면서 이후 예카테리나 궁전이라는 별명이 붙었습니다. 이곳에 1752~1756년 딸인 엘리자베타 여제가 여름 궁전을 다시 지었는데, 건축가는 당시 활발하게 활동하던 라스트렐리였습니다. 바로크 양식의 대가답게 그는 이곳을 멋지고 화려하게 장식했으며, 그중 으뜸은 호박방 Amber Room이었습니다. 베르사유 궁전에 거울의 방이 있다면 예카테리나 궁전에는 호박방이 있다고 할 정도로 호화스러웠습니다. 보석 중의 하나인 호박을 잘라 벽면에 온통 붙여 놓았으니까요. 실제로 이 방을 만들기 위해 총 6톤의 호박이 사용되었습니다. 이곳에서 엘리자베타 여제는 가장 친한 친구들만 따로 불러 소규모의 파티를 열곤 했습니다. 마리 앙투아네트의 프티 트리아농이 연상되기도 하는데, 프티 트리아농이 지어진 것이 1760년대, 예카테리나 궁전이 지어진 것이 1750년이니 시기적으로도 비슷합니다. 말하자면 이 시기에는 번잡한 궁전의 궁중 행사에서 벗어나 친한 친구 몇 명만 불러 편하게 지내고 싶은 장소가 필요했던 것으로 보입니다. 실제 유럽에서는 대략 18세기 중반부터 사생활이나 프라이버시라는 개념이 생겨났고, 주택 내에서는 개인 침실, 혼자 쓰는 독방이 등장합니다. 따라서 왕실 차원에서는 여름을 지내기 위한 별궁 및 친한 친구들만 사용할 수 있는 방이 등장한 것이라 볼 수 있습니다. 전반적으로 화려하면서도 아기자기해서 예카테리나 궁전이라는 이름이

▼ 예카테리나 궁전

잘 어울립니다.

한편, 아버지의 이름을 딴 표트르 궁전은 좀 더 장대했습니다. 상트페테르부르크에서 남서쪽으로 30킬로미터 정도 떨어져 핀란드만에 접해 있는 표트르 궁전은 '러시아의 베르사유'라고 불리기도 합니다. 처음 이곳에 궁전을 짓기 시작한 것은 1714년 표트르 대제 시절이었습니다. 이때는 스웨덴과 전쟁을 치르던 시기였는데, 그 전쟁이 점차 승리로 끝날 것이라는 확신이 들면서 무언가 러시아의 위엄을 보여 줄 만한 궁전이 필요했습니다. 궁전은 1723년에 공사가 완공되었다가 그 후 딸인 엘리자베타 여제 시절1744년에 다시 한번 증개축이 되어 현재에 이르고 있습니다. 표트르 궁전은 건물 전면의 길이가 300미터에 이르는데 내부도 화려하지만 역시 장관은 광대한 분수와 폭포입니다. 지형의 고저 차를 이용해서 계단과 같은 폭포를 만들었는데, 이 물을 끌어오기 위해 40킬로미터에 이르는 운하와 지하 수도관을 설치했습니다. 연못에는 분수를 여럿 설치했으며, 가장 유명한 것은 '삼손의 분수'입니다.

삼손은 성경에 나오는 인물로 큰 체격에 엄청난 힘을 자랑하는 장사입니다. 그는 사나운 사자의 입을 찢어 죽인 것으로 유명한데, 바로 이 장면을 동상으로 만들어 놓은 것이 삼손의 분수입니다. 삼손이 사자를 제압하여 입을 찢고 있는데, 이때 사자의 입에서 20미터에 이르는 거대한 높이의 물줄기가 뿜

▲ 표트르 궁전

▲ 삼손의 분수

어져 나옵니다. 이 모습은 표트르 대제가 북방전쟁을 통해 강대국이던 스웨덴을 제압해 이기는 것을 보여 주고 있습니다. 즉, 삼손은 표트르 대제이고 사자는 스웨덴을 상징합니다. 본래 사자가 스웨덴의 상징 동물이기도 하고 표트르 대제의 키가 190~200센티미터 정도 되었다고 하니 삼손으로 제격입니다.

한편으로 이것은 베르사유 궁전에 있는 아폴론 분수를 연상시킵니다. 아폴론이 태양왕 루이 14세를 상징하듯, 삼손은 표트르 대제를 상징하고 있으니까요. 삼손의 주변으로 제우스, 헤라, 아르테미스 등 그리스·로마 신화에 나오는 신들의 조각상도 있습니다. 바로 이러한 공통점 때문에 표트르 궁전을 러시아의 베르사유라 부르기도 합니다. 실제 표트르 궁전에는 넓은 정원에 대략 140여 개에 이르는 크고 작은 분수가 있어서 베르사유 궁전의 후원과 상당히 비슷합니다. 이러한 점들이 겨울 궁전과는 다른 여름 궁전만의 특징입니다.

앞서 러시아처럼 추운 나라에서는 건물이 주로 겨울을 견딜 수 있도록 지어진다고 했습니다. 그래서 겨울 궁전은 온실을 제외하고는 모든 것이 대개 실내 공간 위주로 이루어져 있습니다. 하지만 여름 궁전은 겨울 궁전에서는 불가능했던 정원과 분수가 있습니다. 특히 분수는 러시아에서는 오로지 여름 한철에만 작동이 가능합니다. 이미 가을부터 얼어붙기 시작한 연못은 봄이 되어도 좀처럼 녹지를 않으니까요. 얼지 않는 연못과 샘, 솟구치는 분수, 물소리를 내며 떨어지는 폭포, 이 모두는 여름 한 철에만 볼 수 있는 모습이어서 여름 궁전의 정원에 많은 분수와 폭포가 사용된 것입니다. 특히 분수가 위로 솟구칠 때 물방울에 의한 굴절 현상으로 생기는 무지개는 여름에만 볼 수 있는 장관이었습니다. 추운 나라에서는 여름이 짧고도 아름다운 계절이니, 그 계절을 만끽하기 위해 여름 궁전을 지은 것입니다. 이 점이 비교적 온화한 기후대에 속하는 우리나라나 프랑스의 궁과는 다른 부분입니다.

## 시민의 품으로 돌아온 궁전

1905년 1월 9일, 한 무리의 사람들이 겨울 궁전 앞에 모여들었습니다. 황제 니콜라이 2세의 초상화와 십자가를 앞세우고 온 이들은 눈밭 위에 무릎을 꿇고 엎드린 채 노동자의 처우개선을 요구했습니다. 하지만 황실수비대는 이들에게 해산을 명하면서 총을 쏘았습니다. 몇몇 사람들이 쓰러지고 그 바람에 궁전 앞 순백의 눈밭은 붉은 피로 얼룩졌습니다. 이것이 유명한 '피의 일요일' 사건인데, 이 일로 인해 러시아 왕실은 국민들에게 큰 반감을 사게 됩니다. 국민의 생활고에는 아랑곳하지 않는 왕실을 타도하자는 생각이 암암리에 퍼지더니 1917년 2월 또 한 번의 혁명이 일어납니다. 바로 '2월 혁명'이었고 이에 크게 놀란 니콜라이 2세가 후계자 없이 퇴위함으로써 러시아 왕조는 종식을 고합니다. 황제는 가족들을 데리고 궁전을 떠나 어느 시골 마을로 옮겨 가게 되었습니다.

이듬해인 1918년 3월, 당시의 볼셰비키 정부는 수도를 상트페테르부르크에서 모스크바로 다시 옮깁니다. 상트페테르부르크는 표트르 대제가 세운 신도시여서 왕궁과 귀족들의 화려한 저택이 많았습니다. 반면, 모스크바는 러시아의 오랜 수도였기 때문에 민중 세력을 대변하여 왕실을 타도한 볼셰비키 정부가 화려한 상트페테르부르크 대신 정통성 있는 모스크바를 다시 수도로 복원시킨 것은 당연한 일이었습니다. 그해 7월 17일 우랄산맥 근처 예카테린부르크에 연금되어 있던 황제의 일가족은 모스크바 정부군에 의해 살해당합니다. 그리고 1920년 겨울 궁전과 에르미타주는 박물관과 미술관이 되어 일반인에게 공개되었습니다. 1,000여 개가 넘는 겨울 궁전의 방들은 모두 전시실이 되어 둘러볼 수 있게 되었습니다.

돌이켜 보면 프랑스의 루브르, 베르사유 궁전과 러시아의 겨울 궁전은 서로 비슷한 구석이 있습니다. 우선, 17세기 부르봉 왕조의 루이 14세가 절대 왕정을 이룩하면서 지었던 것이 루브르와 베르사유입니다. 뒤이어 18세기 러시아 로마노프 왕조의 표트르 대제가 러시아의 근대화를 이룩하며 수도를 옮기고 초석을 닦아 만든 것이 겨울 궁전입니다. 루이 14세와 표트르 대제의 공통점은 어린 나이에 왕위에 올랐지만 그 시절 왕권이 미약하여 한동안 시골에서 생활했다는 것입니다. 그런 경험 때문인지 시간이 지나 친정을 하게 되었을 때 새로운 수도인 베르사유와 상트페테르부르크를 건설했습니다. 모든 귀족은 파리, 모스크바를 떠나 이곳에서 살아야 했으며, 새 수도의 심장부에 지어진 것이 베르사유 궁전과 겨울 궁전이었습니다.

하지만 그 권력도 영원하지는 않았습니다. 프랑스는 루이 14세, 15세, 16세 시기를 거치며 외국과의 끊임없는 전쟁으로 많은 국채를 짊어졌고, 국민의 삶이 궁핍한데도 루이 16세가 세금을 더 걷으려고 하자 이를 발단으로 프랑스 대혁명이 일어났습니다. 이 혁명으로 왕과 왕비가 처형되면서 부르봉 왕조도 막을 내렸습니다.

러시아도 마찬가지로 노동자와 농민의 삶은 보살피지 않은 채 니콜라이 2세는 1905년 러일 전쟁, 1917년 제1차 세계 대전을 치르고 있었습니다. 바로 그때 두 번의 혁명이 일어나 로마노프 왕조가 종식되고 황제 일가족은 처형되었습니다. 본디 유럽의 문화 강대국이었던 프랑스를 모방하여 건축과 의복은 물론, 일상생활에서 프랑스어까지 사용했던 러시아로서는 공교롭기만 합니다.

| 프랑스: 부르봉 왕조 | 러시아: 로마노프 왕조 |
| --- | --- |
| 루이 14세 시절 절대 왕정 시작 | 표트르 대제 시절 러시아 근대화 시작 |
| 수도를 파리에서 베르사유로 옮기고 베르사유 궁전을 신축 | 수도를 모스크바에서 상트페테르부르크로 옮기고 겨울 궁전을 신축 |
| 루이 16세는 미국의 독립 전쟁에 자금을 지원 | 표트르 대제는 러일 전쟁, 제1차 세계 대전을 치름 |
| 프랑스 대혁명이 일어나 왕정 종식 | 1917년 혁명이 일어나 왕정 종식 |
| 루브르, 베르사유 궁전은 박물관이 됨 | 겨울 궁전과 에르미타주는 박물관이 됨 |

▲ 프랑스와 러시아 비교

유럽의 역사를 살펴보면 중세를 거쳐 근대 시대까지 왕이 나라를 지배하는 왕조 국가였다가, 20세기 초반에 이르러 왕정이 종식되는 국가가 많습니다. 그런데 왕실이 사라지고 공화국이 되어 대통령이 통치한다고 해서 왕과 왕비가 모두 죽임을 당하는 것은 아닙니다. 평민으로 살아가거나 혹은 외국으로 망명하는 것이 일반적입니다. 유럽 근현대사를 통틀어서 시민들이 혁명을 일으켜 왕정을 종식시키고 또한 처형까지 한 곳은 러시아와 프랑스가 대표적입니다. 두 나라는 강력한 왕권을 바탕으로 굶주리는 백성들은 외면한 채 외국과의 전쟁에 몰두했다는 공통점이 있습니다. 강력한 왕권을 담는 그릇으로써 바로크 양식인 세 궁전이 있었고요. 프랑스와 러시아 왕실은 국민의 손에 의해 처단되었고, 그들이 살던 왕궁은 이제 왕실의 손을 떠나 국민 모두의 것이 되었습니다.

▲ 루브르 박물관

▲ 에르미타주 미술관

## ┃ 사진 출처 ┃

책에 수록된 사진은 셔터스톡과 픽사베이, 위키피디아 퍼블릭 도메인 위주로 게재하였습니다. 이 외 국가유산청 등의 공공누리 제1유형 사진은 다음과 같습니다.

**44쪽. 석어당**

(출처: 국가유산청, https://www.heritage.go.kr/heri/cul/imgHeritage.do?ccimId=6415664&ccbaKdcd=13&ccbaAsno=01240000&ccbaCtcd=11)

**51쪽. 한양도성**

(출처: 국가유산청, https://www.heritage.go.kr/heri/cul/imgHeritage.do?ccimId=1624439&ccbaKdcd=13&ccbaAsno=00100000&ccbaCtcd=11)

**52쪽. 흥인지문**

(출처: 국가유산청, https://www.heritage.go.kr/heri/cul/imgHeritage.do?ccimId=6307840&ccbaKdcd=12&ccbaAsno=00010000&ccbaCtcd=11)

**52쪽. 숭례문**

(출처: 국가유산청, https://www.heritage.go.kr/heri/cul/imgHeritage.do?ccimId=6309894&ccbaKdcd=11&ccbaAsno=00010000&ccbaCtcd=11)

**52쪽. 숙정문**

(출처: 국가유산청, https://www.heritage.go.kr/heri/cul/imgHeritage.do?ccimId=1624444&ccbaKdcd=13&ccbaAsno=00100000&ccbaCtcd=11)

**60쪽. 경복궁 배치도**

(출처: 공공누리, https://www.kogl.or.kr/recommend/recommendDivView.do?recommendIdx=67594&division=img)

**87쪽. 창덕궁 배치도**

(출처: 궁능유적본부, https://royal.khs.go.kr/ROYAL/contents/R305000000.do?schM=view&page=1&viewCount=10&id=20240924103119350108&schBdcode=cdg&schGroupCode=cdg)